Bedienung und Schaltung von Dynamos und Motoren

sowie für kleine Anlagen ohne und mit Akkumulatoren

Von

Rudolf Krause
Ingenieur

Mit 150 Textfiguren

Berlin
Verlag von Julius Springer
1914

ISBN-13:978-3-642-89981-2　　e-ISBN-13:978-3-642-91838-4
DOI: 10.1007/978-3-642-91838-4

Alle Rechte, insbesondere das der
Übersetzung in fremde Sprachen, vorbehalten.
Softcover reprint of the hardcover 1st edition 1914

Vorwort.

Das vorliegende Buch ist hauptsächlich als Anleitung zum Bedienen elektrischer Maschinen und kleiner Anlagen gedacht und für Maschinisten, Monteure und Besitzer elektrischer Anlagen geschrieben, mit der Absicht, die Behandlung und Schaltung von elektrischen Maschinen und die Bedienung der Apparate in kleineren Anlagen zu erklären. Es ist deshalb besonderes Gewicht auf die Erklärung der Wirkungsweise von Stromerzeugern und Motoren, sowie auf ihre praktische Behandlung im normalen Betrieb gelegt.

Das Buch zerfällt in zwei Teile. Zuerst ist die Wirkungsweise und Behandlung der elektrischen Maschinen und Akkumulatoren allgemein erläutert, so daß dieser Teil gewissermaßen die Begründung für den zweiten Teil ist, in welchem die beim Ingangsetzen und Abstellen, sowie im Betrieb vorkommenden Handgriffe und Schaltungen für besonders ausgewählte Fälle von Schaltungen und Anlagen, kurz in der vorzunehmenden Reihenfolge angegeben sind. Die in diesem zweiten Teil zusammengestellten Beispiele sind natürlich nur eine beschränkte Auswahl der möglichen Fälle, weil einmal unmöglich alle vorkommenden Schaltungen berücksichtigt werden können und weil nach Ansicht des Verfassers die gegebenen Schaltungen genügen, um den Leser zu befähigen, in anderen, ähnlichen Fällen sich selbst die Bedienungsvorschriften für die Anlage aufzustellen.

Die Vielseitigkeit des Stoffes machte eine systematische Einteilung sehr schwierig. Sie ist so vorgenommen, daß von allgemeinen Behandlungsweisen auf die besonderen Fälle übergegangen wird, wie die einzelnen Abschnittsüberschriften zeigen. Während im ersten Teil zuerst die Stromerzeuger und dann die Motoren behandelt sind, worauf Allgemeines über die Anlagen zur Stromerzeugung folgt, sind im zweiten Teil zuerst die Motoren behandelt, weil die Schaltungen nach den im ersten Teil gegebenen Erläuterungen ohne weiteres verständlich sind und die Betriebsvorschriften mit wenigen Worten erledigt werden konnten. Nach ihnen folgen die Anlagen zur Stromerzeugung, die außer der Betriebsvorschrift immer noch eine kurze, den Zweck und die Eigenart der betreffenden Anlage erläuternde Bemerkung nötig haben. Nach dieser ist dann jedesmal für jeden vorkommenden Betriebszustand die kurzgefaßte Bedienungsvorschrift gegeben, so daß eindeutig klar ist, wie man beim Einschalten, Ausschalten, Parallelarbeiten usw. mit den Maschinen und Apparaten zu verfahren hat.

Im ersten Teil sind der größeren Anschaulichkeit wegen eine Anzahl der Abbildungen vom Verfasser als perspektivische Federzeichnungen ausgeführt, so namentlich die Einrichtungen zum Kurzschließen und Bürstenabheben von Drehfeldmotoren, einige Schalter für Akkumulatorenbetrieb, Zellenschalter, Null- und Überstromschalter. Da diese Apparate weniger in ihrer wirklichen Ausführung, als nach ihrer Wirkungsweise erklärt werden sollen, sind sie dem Zweck entsprechend besonders entworfen. Photographien eignen sich fast nie, weil sie zu viel Nebensächliches und das Wesentliche nicht deutlich zeigen und Konstruktionszeichnungen würden zu umfangreich geworden sein. Die Schaltungen im zweiten Teil sind besonders bei den Motoren immer mit den nötigen Meßinstrumenten und den Anschlußklemmen an Motor und Apparaten dargestellt, so daß sie möglichst der Wirklichkeit nahe kommen.

Klotzsche bei Dresden, im April 1914.

Rudolf Krause.

Inhaltsverzeichnis.

Seite

A. Grundlegende Schaltungen und Eigenschaften elektrischer Maschinen und Anlagen · · · · · · · · · · · · 1

I. Allgemeine Behandlungsvorschriften für elektrische Maschinen 1
Zweck einer elektrischen Maschine, Stromerzeuger oder Motor · 1
Hauptteile, Feld, Anker · · · · · · · · · · · · · · · 1
Kommutator und Bürsten · · · · · · · · · · · · · · 2
Formen von Bürsten und ihre Behandlung · · · · · · · 2
Behandlung des Kommutators · · · · · · · · · · · · 4
Einstellen der Bürsten bei Gleichstrommaschinen · · · · 5
Metallbürsten · · · · · · · · · · · · · · · · · · · 6
Allgemeine Überwachung laufender Maschinen · · · · · 6

II. Anschluß und Schaltung der wichtigsten Instrumente · · · 7
Strom, Spannung, Widerstand, Gesetz von Ohm · · · · · 7
Verschiedene Arten der Spannung · · · · · · · · · · · 7
Schaltung von Amperemetern (Strommessung) bei Gleichstrom · 8
Schaltung von Voltmetern (Spannungsmessung) bei Gleichstrom · 9
Schaltung von Amperemetern bei Wechselstrom · · · · 9
Schaltung von Voltmetern bei Wechselstrom · · · · · · 9
Schaltung von Wattmetern (Leistungsmessung) · · · · · 10
Schaltung von Hochspannungsinstrumenten · · · · · · · 11

III. Schaltungen der Gleichstromerzeugermaschinen · · · · · · 11
Prinzip der Induktion · · · · · · · · · · · · · · · · 11
Handregel für Stromerzeuger · · · · · · · · · · · · · 11
Zweck des Kommutators · · · · · · · · · · · · · · · 12
Trommelankerwickelung · · · · · · · · · · · · · · · 13
Schaltungsarten der Magneterregung · · · · · · · · · · 13
Die Hauptstrommaschine, Schaltung und Arbeitsweise · · 14
Die Nebenschlußmaschine, Schaltung und Arbeitsweise · · 17
Maschine mit gemischter Schaltung (Verbund- und Kompoundmaschine) · · · · · · · · · · · · · · · · · · 20
Maschinen mit Wendepolen und Kompensationswickelungen (Turbodynamos) · · · · · · · · · · · · · · · · 23

Inhaltsverzeichnis.

	Seite
IV. Schaltungen der Wechselstromerzeuger	25
Umdrehungszahl, Polzahl, Stromwechselzahl	25
Ein- und mehrphasige Maschinen	26
Dreiphasenmaschinen mit Sternschaltung	28
Dreiphasenmaschinen mit Dreiecksschaltung	29
Schaltung der Erregung bei Wechselstrommaschinen	29
V. Die Akkumulatoren	29
Einrichtung des Akkumulators	30
Wirkungsweise, Ladung und Entladung	30
Zustandserkennung der Zellen mit Voltmeter	31
Zustandserkennung der Zellen mit Aräometer	32
Sulfatierung der Platten	32
Kapazität	34
VI. Hilfsapparate für den Akkumulatorbetrieb	34
Zellenschalter, Zweck desselben	35
Schaltzellen	35
Einrichtung des Zellenschalters, Hilfskontakt	36
Doppelzellenschalter	37
Leitungsparende Zellenschalter	39
Nullstrom und Überstromausschalter, sowie selbsttätige Meldeeinrichtungen	40
Zweck und Einrichtung des Nullstromschalters	40
Zweck und Einrichtung des Überstromschalters	41
Selbsttätiger Spannungsmelder	42
Umschalter und Reihenschalter für Akkumulatoren	42
Verschiedene Formen von Umschaltern	43
Verschiedene Formen von Reihenschaltern	44
VII. Gleichstrommotoren	45
Handregel für Motoren	45
Umkehrung der Drehrichtung	46
Anlasser	47
Wirkungsweise des Motores, Gegenspannung	47
Der Hauptstrommotor	49
Anlasser	49
Wendeanlasser	50
Arbeitsweise und Verwendung	51
Geschwindigkeitsregelung	51
Der Nebenschlußmotor	52
Anlasser	52
Anlasser mit Schutzvorrichtungen	53
Wendeanlasser	56
Arbeitsweise und Verwendung	57
Geschwindigkeitsregelung	58
Nebenschlußmotor mit Kompoundwickelung für den Anlauf	62
VIII. Motoren für Wechselstrom	62
Synchronmotor	62

Inhaltsverzeichnis.   VII

	Seite
Dreiphasiger asynchroner Drehfeldmotor	63
Kurzschlußläufer mit Käfigwickelung	63
Umdrehungszahl des Drehfeldes	63
Umdrehungen des Läufers bei verschiedenen Belastungen	64
Sterndreieck-Anlasser	65
Anlaufschaltung durch Gegenschaltung (Görges)	66
Anlauf mit einstufigem Widerstand (Brown und Boveri)	67
Kurzschlußvorrichtungen	67
Motor mit Schleifringanker	68
Kurzschlußvorrichtung und Bürstenabhebung für Schleifringanker	69
Kahlenberganlasser mit verminderter Kontaktzahl	71
Umkehren der Drehrichtung	72
Wendeschalter für kleine Motoren	72
Wendeanlasser für größere Motoren	73
Tourenregelung des Dreiphasenmotors	74
Einphasen-Induktionsmotor	74
Wirkungsweise	74
Umkehren der Drehrichtung	75
Kommutatormotoren für Einphasenstrom	76
Verschiedene Schaltungen der Motoren	76
Tourenregelung durch Bürstenverschiebung	79
Anlassen mit Bürstenverschiebung	79
Umkehrung der Umlaufsrichtung	79
Kommutatormotoren für Dreiphasenstrom	79
Dreiphasenreihenschlußmotoren	80
Dreiphasennebenschlußmotoren	81
Anlassen durch Bürstenverschiebung bei Reihenschlußmotoren	82
Umkehren der Drehrichtung bei Reihenschlußmotoren	82
Anlassen und Wenden der Drehrichtung bei Nebenschlußmotoren	82
IX. Elektrische Stromerzeugungsanlagen	83
Allgemeine Eigenschaften der Maschinen für Akkumulatoren	83
Spannungserhöhung beim Laden	83
Verwendung von Zusatzmaschinen	84
Fremderregte Nebenschlußmaschinen	84
Dreileiteranlagen	85
Schaltung	85
Verteilung der Anschlüsse	85
Dreileiter mit Nulleiter aus der Batterie	86
Dreileiter mit Ausgleichsmaschinen	86
Wechselstromanlagen	87
Einphasenmaschinen mit Phasenlampen	87
Verhalten der Phasenlampen	88
Arbeitsübertragung mit Gleichstrom-Hauptstrommaschinen	89
Windkraftanlagen für Elektrizitätserzeugung	90

Inhaltsverzeichnis.

B. Betriebsvorschriften und Schaltungen für Motoren und Anlagen 92
  I. Motoren 92
    A. Gleichstrom-Hauptstrommotor 92
    B. Gleichstrom-Nebenschlußmotor 93
    C. Dreiphasiger asynchroner Drehfeldmotor mit Käfigläufer 93
    D. Dreiphasiger asynchroner Drehfeldmotor mit Käfigläufer und Sterndreieckschalter 94
    E. Dreiphasiger asynchroner Drehfeldmotor mit Gegenschaltung (Görges) 95
    F. Dreiphasiger asynchroner Drehfeldmotor mit einstufigem Widerstand 96
    G. Dreiphasiger asynchroner Drehfeldmotor mit Schleifringläufer 96
    H. Einphasen-Induktionsmotor mit Kurzschlußläufer ... 97
    I. Einphasen-Induktionsmotor mit Hilfsphase 97
    K. Komutatormotor für Einphasenstrom 98
    L. Komutatormotor für Dreiphasenstrom mit Reihenschlußeigenschaft 98
    M. Kommutatormotor für Dreiphasenstrom mit Nebenschlußeigenschaft 99
  II. Anlagen 101
    Anlagen mit reinem Maschinenbetrieb für Gleichstrom . 101
      Nebenschlußmaschinen in Parallelschaltung 101
      Kompoundmaschinen in Parallelschaltung 102
    Anlagen mit reinem Maschinenbetrieb für Wechselstrom . 104
      Einphasenmaschinen 104
      Dreiphasenmaschinen 104
    Gleichstrom-Anlagen mit Akkumulatoren 106
      Anlage mit Einfachzellenschalter und kleiner Batterie · 106
      Anlage mit Einfachzellenschalter und großer Batterie · 108
      Anlage mit Einfachzellenschalter und Reihenschalter · 109
      Anlage mit Doppelzellenschalter und Zusatzmaschine zum Laden 111
      Anlage mit Doppelzellenschalter und Maschine zum Laden 113
      Anlage mit Doppelzellenschalter und zwei Maschinen · 114
      Kompoundmaschine mit Akkumulatoren und Reihenschalter 115
      Elektrizitätswerk mit Windkraft 117

A. Grundlegende Schaltungen und Eigenschaften elektrischer Maschinen und Anlagen.

I. Allgemeine Behandlungsvorschriften für elektrische Maschinen.

Eine elektrische Maschine kann den Zweck haben, Elektrizität zu erzeugen, dann heißt sie Stromerzeugungs-Maschine oder „Generator" oder sie dient zur Umwandlung von Elektrizität in mechanische Arbeit und heißt dann Motor. In vielen Fällen sieht ein Motor ebenso aus wie ein Generator und gewöhnlich kann auch jeder Generator als Motor arbeiten und ein Motor meistens als Generator. Natürlich ist es nicht immer zweckmäßig, eine Maschine, welche zur Stromerzeugung gebaut ist, ohne weiteres als Motor benutzen zu wollen. In manchen Fällen, besonders bei Gleichstrommaschinen, kann man dies aber machen, was besonders bei der Prüfung solcher Maschinen von Vorteil ist. Weniger einfach ist dagegen die Vertauschung des Zweckes bei Wechselstrommaschinen.

Bei jeder elektrischen Maschine kann man die Hauptteile „Feld" und „Anker" unterscheiden. Bei Wechselstrommaschinen heißt das Feld auch Ständer oder Stator und der Anker heißt Läufer oder Rotor. Jede Stromerzeugungsmaschine, gleichgültig ob für Gleich- oder Wechselstrom, beruht auf folgendem Umstand: „Bewegt man einen oder mehrere miteinander verbundene Drähte in zweckmäßiger Weise vor magnetischen Polen vorbei, so erhält man einen elektrischen Strom, wenn die Drähte in einem geschlossenen Stromkreis liegen". Man kann auch umgekehrt verfahren und die Magnetpole bewegen, die Drähte aber still stehen lassen. Die erste Art, Bewegung der Drähte, welche immer auf dem Anker liegen, wendet man gewöhnlich bei den Maschinen für Gleichstrom an, während man bei Wechselstromerzeugern den Anker mit den Drähten still stehen läßt und dafür die Magnetpole bewegt, die dann auf einem Polrad befestigt sind. Motoren für Wechselstrom können allerdings ganz verschiedenartig ausgeführt werden und sogar bei den Kommutatormotoren den Gleichstrommaschinen, besonders mit dem Anker, sehr ähnlich werden.

Alle Gleichstrommaschinen und diejenigen Wechselstrommaschinen, welche man als Kommutatormotoren bezeichnet, besitzen einen Anker mit Kommutator. Dieser Kommutator oder Kollektor, besorgt mit den Bürsten, unter denen er sich dreht, einmal die Verbindung von feststehenden Stromleitern der Maschine mit den

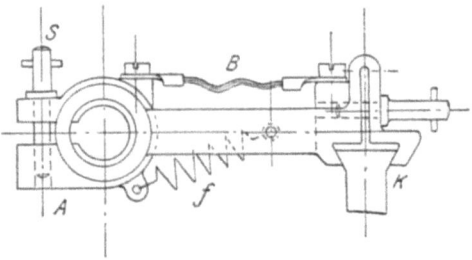

Fig. 1. Bürste im Gelenkhalter.

umlaufenden Ankerdrähten und dann bewirkt er mit seinen kupfernen Lamellen die erforderlichen Umschaltungen des Ankerstromes. Die Bürsten sind fast immer Kohlenbürsten und müssen, wenn sie ohne Funken oder Feuern arbeiten sollen, richtig zu der Feldwickelung stehen und außerdem gut und glatt auf dem Kommutator aufliegen.

Die Bürsten können in einem mit Gelenk versehenen Halter festgeklemmt sein, wie in Fig. 1, oder sie sitzen, wie heute meist üblich, lose in den Haltern, nach Fig. 3, wo eine Bürste der Siemens-Schuckert-Werke dargestellt ist. Damit die Bürste gut auf dem Kommutator aufliegt, muß die Feder f in den eben erwähnten Figuren die richtige Spannung haben.

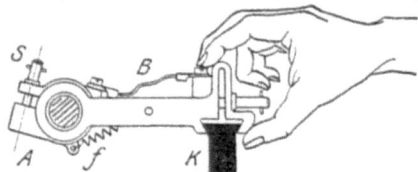

Fig. 2. Spannen der Feder und Prüfen der Auflage.

Man prüft diese Spannung, indem man nach Fig. 2 mit der Hand den Kohlenhalter vorn etwas hochhebt und ihn dann wieder vorsichtig auf den Kommutator zurücksetzt. Man darf aber nicht den Halter zurückschnappen lassen, weil dabei die Kohle zerspringen oder an ihrer Gleitfläche beschädigt werden kann. Bei der Bürste nach Fig. 3 prüft man die Federspannung durch Anheben des Druckhebels d, mit dem die Feder f auf die Kohle drückt. Dieser Hebel sitzt an einem Blechstück D, welches bei e einen Haken zum Unterfassen für den Finger hat. Auch hierbei darf man natürlich den Druckhebel nicht auf die Kohle zurückschnappen lassen. Bei J ist der Kohlenhalter durch

Allgemeine Behandlungsvorschriften für elektrische Maschinen. 3

eine feuersichere Isolierplatte gegen Überschlag von Feuer aus anderen Bürsten geschützt. Letzteres kann bei falscher Bürstenstellung und bei fehlerhaft berechneten Maschinen zuweilen, besonders bei plötzlichen Belastungsänderungen, auftreten. Es bildet sich dabei durch Kohlenstaub zwischen den Kollektorlamellen und von Bürste zu Bürste ein Rundfeuer um den Kommutator, welches zwar gefährlicher aussieht als es ist und gewöhnlich am Kommutator keinen Schaden anrichtet, wohl aber die Bürstenhalter beschädigt. Durch Reinhalten des Kommutators und durch richtige Einstellung der Bürsten verhindert man das Rundfeuer. Die Kohle K ist, damit sie gute leitende Verbindung mit dem Bürstenstift der Bürstenbrücke erhält, an ihrem Kopfende elektrolytisch verkupfert. Auf die Verkupferung wird die Blechhaube C geschoben, die mit dem Klemmstück A durch ein kleines biegsames Kabel B verbunden ist. Mitunter ist auch schlechte Verbindung zwischen Kohle und Bürstenstift, oder Klemmstück A Ursache von Feuern und Heißwerden der Kohlen. Es müssen also die Schrauben, welche das Kabel B halten (vgl. Fig. 1 und 3),

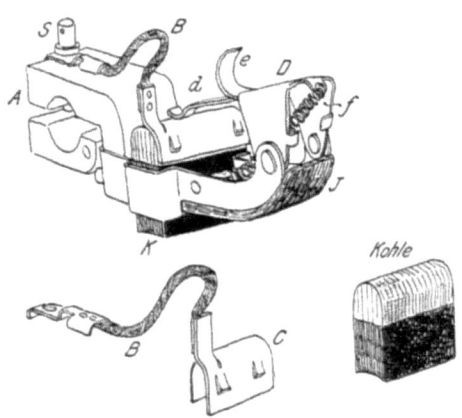

Fig. 3. Kohlenbürste der Siemens-Schuckert A.-G.

gut angezogen sein. Die Spannung der Feder f läßt sich in beiden Fällen (Fig. 1 und 3) durch Drehen des Klemmstückes A, wozu man, wie Fig. 2 zeigt, die Schraube S benutzt, verändern. Ungleichmäßiger Auflagedrück der einzelnen Bürsten, welche an demselben Bürstenstift sitzen, kann auch die Ursache für auftretendes Feuer sein. Es fließt dann durch die gut aufliegenden Bürsten allein der Strom, während die schlecht aufliegenden wenig oder gar nicht leiten. Sie bleiben kalt, aber für die anderen Bürsten ist die Belastung dann zu groß, sie werden heiß und feuern. Mitunter nutzen sich die Kohlen, welche am negativen Bürstenstift sitzen, bei Motoren stärker ab und erhitzen sich auch mehr als die positiven Kohlen. Es rührt das daher, daß der Übergangswiderstand vom guten Leiter (Kupfer des Kommutators) zum schlechteren (Kohle) stets größer ist, als umgekehrt. Damit sich die Kohlen gleichmäßiger abnutzen, vertauscht man die positiven und negativen Kohlen nach einiger Zeit.

Selbstverständlich müssen die Kohlen stets mit ihrer vollen Schlifffläche auf dem Kommutator aufliegen. Man erreicht dies am besten durch Abschmirgeln oder Abreiben der Kohlen mit Corubinpapier, indem man nach Fig. 4 einen Streifen P dieses Papieres zum besseren Anfassen mit zwei Holzklötzchen versehen hat und denselben, mit der glatten Seite auf dem Kommutator aufliegend, also mit der rauhen Seite unter der Kohle K, hin und her zieht. Die Siemens-Schuckert-Werke, A.-G., liefern für kleinere Maschinen einen Abschleifklotz nach Fig. 5. Auf die Rundung des Klotzes wird ein Streifen Corubinpapier aufgelegt und unter der Leiste durch die Schraube S festgeklemmt. Der Streifen darf nicht breiter und länger sein, als die Rundung des Klotzes. Auch darf der Klotz nicht ausgepolstert oder mehrere Lagen Corubinpapier aufgelegt

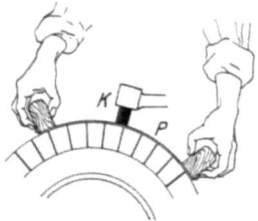
Fig. 4. Einschleifen der Bürsten.

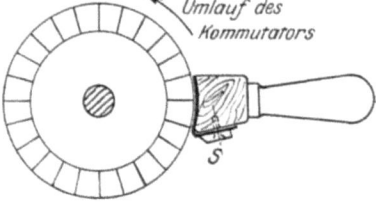
Fig. 5. Schleifklotz der Siemens-Schuckert-Werke.

werden. Das Abschleifen geschieht bei eingeschaltetem Motor, durch ruhiges Andrücken des Klotzes gegen den rasch laufenden Kommutator. Die Bürsten dürfen dabei nicht abgehoben werden und der Kommutator soll kalt sein, die Maschine darf also vorher nicht gearbeitet haben. Man beginnt am besten mit gröberem Papier und schleift mit feinerem nach. Wenn allerdings der Kommutator größere rauhe Stellen aufweist oder nicht rund läuft, muß er abgedreht werden. Bei kleineren Maschinen nimmt man den Anker zu diesem Zweck aus der Maschine heraus. Größere Maschinen haben häufig am Lagerbock der Kommutatorseite eine Arbeitsfläche mit Bohrungen, zum Anschrauben des Supportes für das Abdrehen. Die Maschinen müssen nach dem Abschleifen und Abdrehen stets vom Kupferstaub sorgfältig gereinigt werden, indem man sie mit einer Luftspritze ausbläst. Damit man die Anker- und Feldwickelung nicht beschädigt, darf die Luftspritze keine Metallspitze haben. Auch von gewöhnlichem Staub ist die Maschine häufiger durch Ausblasen zu befreien.

Der Kommutator darf niemals geschmiert werden. Bringt man Öl auf den Kommutator oder spritzt etwa Öl aus den Lagern

Allgemeine Behandlungsvorschriften für elektrische Maschinen. 5

der Maschine auf Wickelung oder Kommutator, so leidet dadurch das Isoliermaterial. Beim Kommutator besteht die Isolation gewöhnlich aus Glimmer, oder aus Glimmererzeugnissen (Mika). Der Glimmer ist aber ein aus vielen dünnen Blättchen zusammengesetzter Stoff. Bei einer Schmierung des Kommutators dringt nun das Öl, mit den abgeschliffenen Kohlenteilchen der Bürsten und dem feinen Metallstaub der Kommutatorlamellen allmählich immer tiefer zwischen die Glimmerblättchen ein, wodurch schließlich die Isolierung so stark geschwächt wird, daß Durchschläge erfolgen und der Kommutator unbrauchbar wird.

Sehr wichtig ist weiter noch die richtige Stellung der Bürsten auf dem Kommutator zu den Polen des Feldes. Bei Maschinen für Gleichstrom gilt hierfür die mit Fig. 6 erläuterte Regel. Ist die

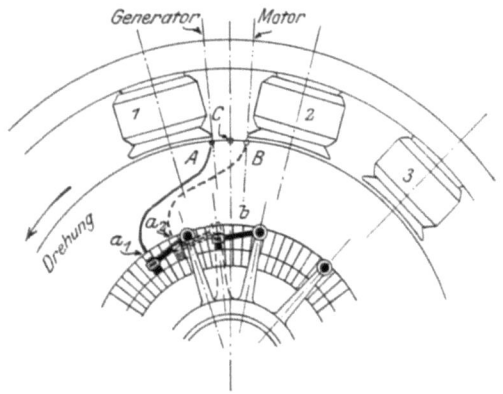

Fig. 6. Einstellen der Bürsten nach den Feldpolen.

Maschine ein Generator, so verfolgt man am stillstehenden Anker denjenigen Draht A, welcher vor der vorderen Polkante (im Sinne der Drehung) eines beliebigen Poles liegt, bis zum Kommutator. Auf diejenige Lamelle a_1, zu welcher der Draht A hinführt, stellt man die Bürste ein. Bei einem Motor nimmt man die hintere Kante des Poles, so daß man dann den Draht B verfolgen muß, der zur Lamelle a_2 führt. Beim Motor steht also Bürste und Bürstenbrücke in der gestrichelt gezeichneten Stellung. Motoren mit zweierlei Umlaufsrichtungen, also solche zum Wenden der Drehrichtung (Fahrstuhlmotoren, Lasthebemotoren, Fahrzeugmotoren), werden mit den Bürsten nicht nach der ablaufenden Polkante eingestellt, sondern auf diejenige Kommutatorlamelle, die mit dem Draht C, in der Mitte zwischen zwei Polen, verbunden ist. Auf alle Fälle muß man aber bei den vorstehenden Arten der Bürsteneinstellung beachten, daß von der Lage der Bürsten bei einem Generator die Pole +

und — der Anschlußklemmen, also die Stromrichtung in der Leitung und bei einem Motor die Drehrichtung abhängt. Wenn die Maschinen vorher schon gelaufen sind, also an eine Leitung angeschlossen waren, darf man die Bürsten a_1 und a_2 nicht an die Stelle der nächsten Bürste b bringen. Man macht sich deshalb, wenn es die Fabrik der Maschine nicht schon besorgt hat, für die richtige Stellung der Bürstenbrücke eine Marke mit roter Farbe und kann dann, nach dem Abdrehen des Kommutators oder nach anderen Arbeiten, bei denen die Bürsten abgehoben oder verschoben werden mußten, leicht wieder richtig einstellen. Für Wechselstromkommutator-Motoren gelten bezüglich der Bürstenstellung besondere Vorschriften, die für die einzelnen Motoren verschieden sind und später besonders angegeben werden.

In seltenen Fällen bei älteren Maschinen für Gleichstrom und bei Schleifringen für Wechselstrommaschinen kommen auch wohl noch Kupfer- oder Messingbürsten vor, obgleich sie meist durch die Kohlen verdrängt sind. Solche Bürsten, die gewöhnlich aus feinem Drahtgewebe bestehen, werden nach Fig. 7 an ihrer Lauffläche F im Schraubstock glatt gefeilt und zuletzt die vordere Kante bei a etwas gebrochen, damit dort nicht einzelne Drahtspitzen des Gewebes vorstehen.

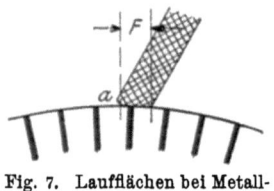

Fig. 7. Laufflächen bei Metallbürsten.

Außer dem Kommutator und den Bürsten erfordern die Lager noch besondere Aufmerksamkeit. Gewöhnlich besitzen die elektrischen Maschinen Ringschmierung. Bei dieser Schmierung, die ja sehr bekannt und verbreitet ist, muß man sich von Zeit zu Zeit überzeugen, ob die Schmierringe bei der Drehung der Welle auch mitlaufen. Wird ein Lager sehr heiß, d. h. beträgt die Öltemperatur mehr als 75°, so kann schlechtes Öl die Ursache sein. Es muß dann das Öl abgelassen werden und das Lager ist mit Petroleum auszuwaschen. Darauf kann wieder neues Öl in das Lager gefüllt werden. Im übrigen werden die Lager der elektrischen Maschinen ebenso behandelt, wie die jeder anderen Maschine, es braucht deshalb nicht weiter darüber gesprochen zu werden.

Die Überwachung einer arbeitenden Maschine geschieht außer durch die Instrumente, welche ihre Belastung, Spannung, Umlaufszahl und anderes anzeigen, noch durch die sämtlichen Sinnesorgane also Augen, Ohren, Nase und Tastsinn. Mit den Augen erkennt man zuerst das Feuern an den Bürsten. Ferner hört man sogleich, wenn die Umlaufszahl sich ändert. Auch andere Zustände, z. B. starke Überlastung oder das Lockerwerden eines Keiles oder einer

Schraubenverbindung können sich durch besondere, ungewöhnliche Töne bemerkbar machen. Ferner hat die Maschine im normalen Zustand einen besonderen Geruch, der natürlich bei der kalten Maschine ein anderer ist als bei der warmen. Bei zu starker Belastung, und wenn Schäden in der Isolierung eintreten, ändert sich der Geruch gewöhnlich auffallend. Schließlich überwacht man die Maschine noch durch Abfühlen der für die Berührung zugänglichen Teile, indem man die Hand an die Lager legt, vorsichtig mit den Fingerspitzen den laufenden Kommutator befühlt, die Bürsten und die Feldwickelung anfaßt. Stromführende blanke Teile, wie den Kommutator und die Bürsten darf man natürlich bei Hochspannungsmaschinen nicht befühlen.

II. Anschluss und Schaltung der wichtigsten Instrumente.

Die drei wichtigsten elektrischen Größen, für welche man Meßinstrumente benutzt, sind Stromstärke, gemessen in Ampere, Spannung, gemessen in Volt und Leistung, gemessen in Watt. Für die Stärke des Stromes gilt das Gesetz von Ohm:

$$\text{Strom} = \frac{\text{Elektromotorische Kraft}}{\text{Widerstand des Stromkreises}}.$$

Der Widerstand des Stromkreises setzt sich aus den Widerständen der Teile zusammen, die den Stromkreis bilden. Jeder dieser Teile, Stromquelle, Leitungen, Lampen, Motoren, setzen dem Strom **Widerstand** entgegen und werden deshalb mehr oder weniger warm. Je größer ihr Widerstand ist, um so wärmer werden sie, um so weniger Strom lassen sie durch, oder aber um so größer muß die **Elektromotorische Kraft** sein, welche den Strom durch die Widerstände des Stromkreises hindurchtreibt. Diese elektromotorische Kraft entsteht in der Stromquelle und wird in einer elektrischen Maschine dadurch erzeugt, oder wie man sagt, induziert, daß die Drähte sich vor den Magneten vorbei bewegen. Um den Strom durch den ganzen Stromkreis zu treiben, wird die ganze elektromotorische Kraft verbraucht. Die einzelnen Teile der elektromotorischen Kraft heißen **Spannungen**. Man unterscheidet zwischen Spannungsverlusten und nützlichen Spannungen. In Fig. 8 ist ein ganz einfacher Stromkreis gezeichnet. Im Stromerzeuger entsteht fortwährend, so lange die Maschine läuft, die elektromotorische Kraft E. Ein Teil davon wird schon verbraucht, um den Strom durch die Widerstände der Maschine zu treiben. Es bleibt also an den Klemmen der Maschine eine **Klemmenspannung** e_1 übrig, welche etwas kleiner ist, als die elektromotorische Kraft, weil der Spannungsverlust in der

Maschine davon abgeht. Die Klemmenspannung e_1 ist in Fig. 8 auch Anfangsspannung der Leitungen. Die Endspannung an den Leitungen ist e_2. In der Leitung wird wieder eine Spannung verbraucht, dieser Teil der elektromotorischen Kraft, der für die Leitungen verbraucht wird, heißt Spannungsverlust in der Leitung, er beträgt die Differenz von der Anfangsspannung e_1 und der Endspannung e_2. Wenn also in einer Maschine eine elektromotorische Kraft von $E = 115$ Volt induziert wird und für das Hindurchtreiben des Stroms durch die Widerstände der Maschine 5 Volt verbraucht werden, so bleibt eine Klemmenspannung $e_1 = 110$ Volt. Diese ist in Fig. 8 auch die Anfangsspannung an den Leitungen.

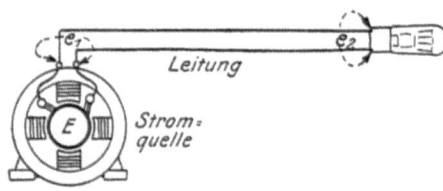

Fig. 8. Elektromotorische Kraft und Spannungen.

Beträgt die Endspannung $e_2 = 108$ Volt, so sind in der Leitung 2 Volt Spannungsverlust aufgetreten. Die Endspannung e_2 ist gleichzeitig diejenige Spannung, welche für die Lampe oder den Nutzwiderstand übrig bleibt.

Die Ströme werden mit Amperemetern gemessen. Ein Amperemeter schaltet man immer in die Leitung ein, man muß also dabei die Leitung öffnen und kann deshalb während des Betriebes nicht ohne weiteres ein Amperemeter einschalten, weil der Strom dabei unterbrochen wird. Das Schaltungsschema für ein Amperemeter zeigt Fig. 9. Die Ausführungsformen der Amperemeter sind sehr verschieden, sie werden aber

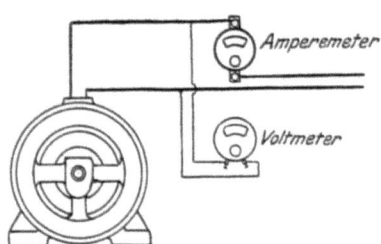

Fig. 9. Schaltung von Ampere- und Voltmesser.

immer nach Fig. 9 in die Leitung geschaltet. Wenn die Amperemeter Präzisionsinstrumente mit Meßwiderständen sind, wie z. B. das Instrument nach Fig. 10, so schaltet man es indirekt ein. Es wird dann ein besonderer mit dem Instrument geaichter Meßwiderstand w in die Leitung J geschaltet, deren Strom gemessen werden soll. Von den Enden dieses Meßwiderstandes führen dann besondere dünne Drähte d durch eine Bohrung in der Schalttafel nach dem Instrument hin. Für ein solches Instrument ändert sich die Schaltung aus Fig. 9 in diejenige von Fig. 11.

Anschluß und Schaltung der wichtigsten Instrumente. 9

Spannungen und elektromotorische Kräfte werden mit Voltmetern gemessen. Diese Instrumente schaltet man nach Fig. 9 zwischen die Leitungen. Zum Anschluß benutzt man bei Voltmetern immer dünne Drähte. Häufig verwendet man auch ein einziges Voltmeter zum Messen mehrerer Spannungen. In Maschinenanlagen benutzt man z. B. für die einzelnen Maschinen nur ein Instrument mit

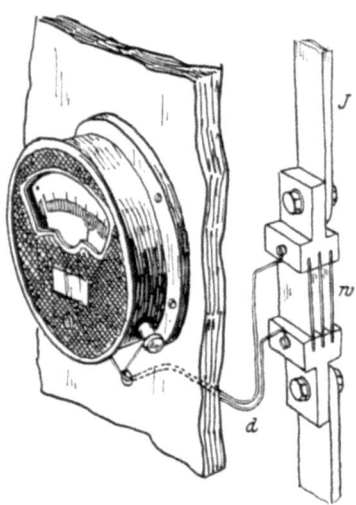

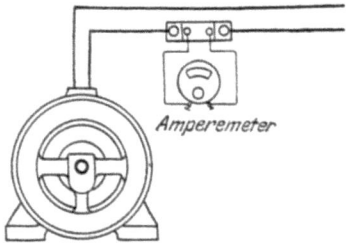

Fig. 10. Schalttafel-Instrument von Weston mit Meßwiderstand.

Fig. 11. Schaltung eines Amperemeters mit Meßwiderstand.

Umschalter. Ein solches Voltmeter mit doppelpoligem Umschalter für drei Spannungen zeigt Fig. 12. Steht der Umschalter, dessen Griff mit den beiden Schleiffedern rechts besonders dargestellt ist, auf der Stellung 1—1, so liegt das Voltmeter an der Leitung I, bei 2—2 liegt es an Leitung II und bei 3—3 liegt es an Leitung III.

Bei Wechselstrom werden Volt- und Amperemeter in derselben Weise angeschlossen, wie bei Gleichstrom. An Stelle der Meßwiderstände treten aber dann gewöhnlich Stromwandler, die immer vier Klemmschrauben haben.

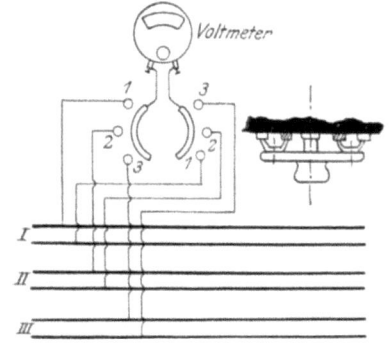

Fig. 12. Voltmeter mit Voltmeter-Umschalter.

Mit den starken Klemmen kommen sie wie die Meßwiderstände in die Leitung, vgl. Fig. 15. Bei Voltmetern können in Hochspannungsanlagen Meßtransformatoren nötig werden. Ihre Schaltung zeigt Fig. 13.

Während man bei Gleichstrom mit Volt- und Amperemeter auskommt, muß man bei Wechselstrom noch Wattmeter benutzen, welche die Leistung anzeigen. Für Gleichstrom berechnet man die Watt einfach, indem man die Amperes mit den Volts multipliziert, also 150 Amp. bei 220 Volt sind $150 \times 220 = 330\,000$ Watt oder 330 Kilowatt.

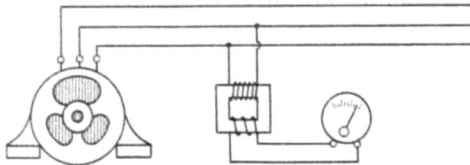

Fig. 13. Voltmeter mit Meßtransformator.

Bei Wechselstrom ergibt diese Rechnung aus den Angaben von Voltmeter und Amperemeter nicht die Leistung, sondern die scheinbaren Watt, welche stets größer sind als die wirklichen Watt, die man nur mit dem Wattmeter messen kann. Das Verhältnis, wirkliche Watt geteilt durch scheinbare Watt, heißt

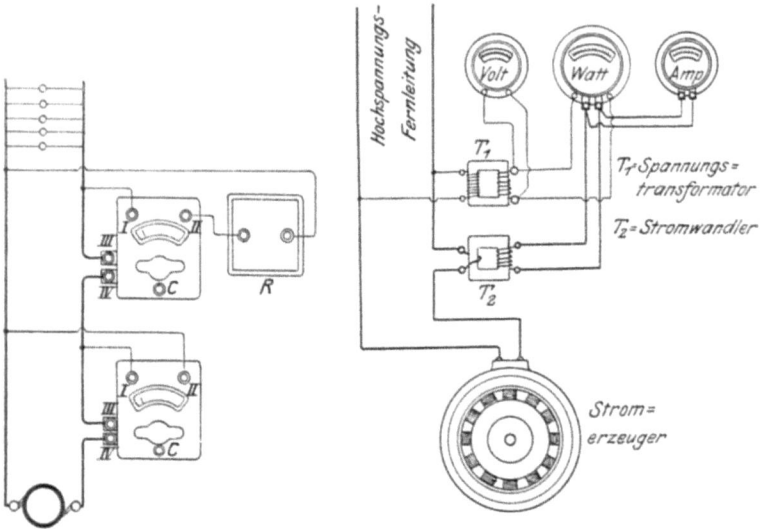

Fig. 14. Schaltung von Wattmetern.

Fig. 15. Voltmeter, Amperemeter und Wattmeter bei Hochspannung.

Leistungsfaktor (cos φ). Die Wattmeter haben immer vier Klemmen, zwei größere, welche wie ein Amperemeter angeschlossen werden und zwei kleinere, welche wie ein Voltmeter angeschlossen werden und deshalb auch Spannungsklemmen heißen. In Fig. 14 sind die größeren Klemmen mit III IV bezeichnet, die kleineren Spannungsklemmen mit I II. Bei diesen Wattmetern können auch Vorschaltwiderstände benutzt werden, welche dann so geschaltet werden, wie der mit R in Fig. 14 bezeichnete. In Hochspannungsanlagen müssen alle Instrumente Meßtrausformatoren erhalten. Die Schaltung für den Anschluß von Voltmeter, Amperemeter und Wattmeter zeigt Fig. 15. An den Spannungstransformator T_1 sind das Voltmeter und die Spannungsklemmen des Wattmeters angeschlossen, während die Stromklemmen desselben mit dem Amperemeter zusammen an den Stromwandler T_2 angeschlossen sind.

III. Schaltungen der Gleichstromerzeugermaschinen.

Wie im vorigen Abschnitt gesagt wurde, wird in den Ankerdrähten der elektrischen Stromerzeugermaschinen eine elektromotorische Kraft induziert. Diese Induktion kommt dadurch zustande, daß Drähte und Magnete gegeneinander bewegt werden, wie schon im ersten Abschnitt gezeigt wurde. Es ist dabei gleichgültig, ob man den Anker bewegt, wie es gewöhnlich bei Gleichstrom geschieht, oder ob man die Magnete bewegt, wie es bei Wechselstrom geschieht. Eine ganz einfache Dynamomaschine wäre hiernach die Vorrichtung in Fig. 16.

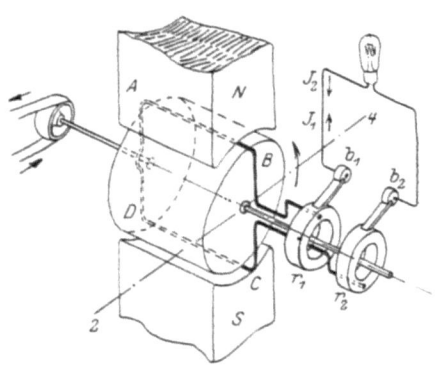

Fig. 16. Einfache Drahtschleife.

Auf dem zylindrischen Anker ist eine einfache Drahtschleife aufgewickelt. Der Draht AB der Schleife steht augenblicklich vor dem Nordpol N des Magnetsystems, während der andere Draht CD vor dem Südpol S steht. Die Enden der Schleifen führen zu den Schleifringen r_1 und r_2, auf denen die Bürsten b_1 und b_2 liegen, an welche der äußere Stromkreis mit der Glühlampe angeschlossen ist. Zur Bestimmung der Stromrichtung benutzt man die Handregel der Induktion. Diese Handregel lautet:

Man hält die rechte Hand so, daß der Daumen, wie Fig. 17 zeigt, nach der Bewegungsrichtung zeigt und der Zeigefinger die Richtung des Feldes angibt (welches immer vom Nordpol zum Südpol gerichtet ist), dann hat die induzierte elektromotorische Kraft die Richtung des Mittelfingers.

Nach dieser Regel fließt der Strom im Draht AB augenblicklich von A nach B, in dem Draht CD aber von C nach D. Weil dieser vor einem Südpol liegt, muß man die Hand wieder mit dem Zeigefinger nach unten halten, es ist aber die Bewegungsrichtung des Drahtes CD unten auf dem Anker von links nach rechts, man muß also die Hand so drehen, daß der Daumen nach rechts steht, und dann zeigt der Mittelfinger nach hinten. Es entsteht also im äußeren Stromkreis ein Strom von der Richtung J_1. Denkt man sich die Drahtschleife so weit herumgedreht, daß ihre Drähte in die Richtung 2—4, also mitten zwischen die Pole zu liegen kommen, dann entsteht keine Induktion in ihnen, erst dann wieder, wenn der Draht AB vor den Südpol S und der Draht CD vor den Nordpol N gelangt ist. Dann ist aber in beiden Drähten die Induktion umgekehrt als in der augenblicklich gezeichneten Lage, weil beide vor einem anderen Pol liegen. Es hat sich demnach jetzt auch der Strom im äußeren Stromkreis umgekehrt und fließt in der Richtung J_2. Bei einer Umdrehung der Drahtschleife entstehen also in dem äußeren Stromkreis von Fig. 16 zwei Stromstöße von entgegengesetzter Richtung, welche man Wechselstrom nennt.

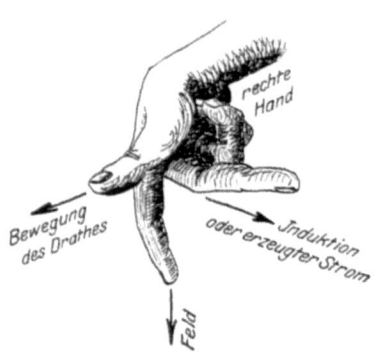

Fig. 17. Handregel.

Will man Gleichstrom haben, so muß man an die Stelle der Schleifringe r_1 und r_2 einen Umschalter setzen, welcher die Verbindung der Drahtschleife mit den Bürsten jedesmal dann vertauscht, wenn die Drähte vor einen anderen Pol kommen. Dieser Umschalter ist der Kommutator, welcher in seiner einfachsten Form nach Fig. 18 ausgeführt ist. Während vorher, also in Fig. 16, der Punkt B immer mit der Bürste b_1 verbunden ist und der Punkt C immer mit der Bürste b_2, ist in Fig. 18 der Punkt B mit der Lamelle l_1 und der Punkt C mit der Lamelle l_2 verbunden. Diese Lamellen drehen sich unter den Bürsten und wenn sich der Strom in der Drahtschleife dadurch umkehrt, daß sie die Pole vertauscht hat, so hat sich die Lamelle l_1 unter die Bürste b_2 geschoben und die Lamelle l_2 unter die Bürste b_1. Punkt B ist dann mit Bürste b_2 und Punkt C mit Bürste b_1 verbunden und in der äußeren Leitung fließt der Strom, trotzdem er in der Schleife genau so fließt wie in Fig. 16, immer in gleicher Richtung. Es

Schaltungen der Gleichstromerzeugermaschinen. 13

entsteht allerdings bei nur zwei Kollektorlamellen für eine Umdrehung der Drahtschleife ein unterbrochener Gleichstrom mit zwei Stromstößen von gleicher Richtung. Um diese starken Stöße zu mildern, gibt man den Ankern nach Fig. 19 eine größere Zahl Drähte und Kollektorlamellen. In Fig. 19 sind nur 6 Lamellen angenommen, um die Wickelung noch deutlich zeichnen zu können. Kleine Anker haben aber gewöhnlich wenigstens 30 Lamellen und größere noch viel mehr. Bei dieser großen Zahl von Lamellen treten in der äußeren Leitung keine Stromstöße mehr auf, sondern der Strom fließt ganz gleichförmig als Gleichstrom.

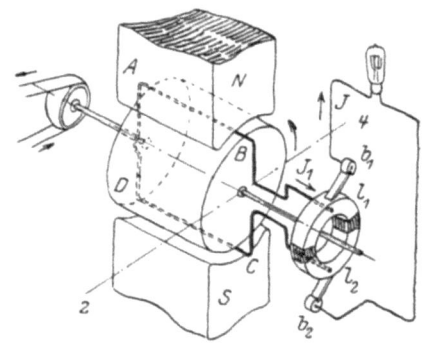

Fig. 18. Grundform des Kommutators.

Wie schon im ersten Abschnitt gesagt wurde, ist außer dem Anker das Feld oder Magnetsystem ein weiterer wichtiger Teil jeder elektrischen Maschine. Das Magnetsystem wird durch Gleichstrom erregt und erhält diesen Magnetisierungsstrom bei Gleich-

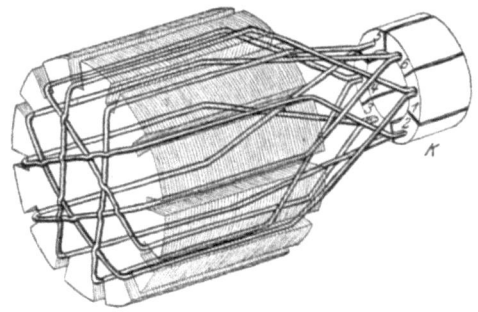

Fig. 19. Schema einer Trommelankerwickelung.

strommaschinen aus dem eigenen Anker. In Anlagen mit mehreren Maschinen und Akkumulatoren kann es auch vorkommen, daß der Magnetstrom von den Sammelschienen entnommen wird, dann ist die Maschine fremd erregt. Dies ist aber nur ein besonderer Zustand, der später besprochen wird und in den jede Maschine durch besondere Schaltung gebracht werden kann. Je nach der Schaltung der Magnetwickelung mit dem Anker unterscheidet man drei Arten von Gleichstrommaschinen: Hauptstrommaschine, Nebenschlußmaschine und Maschine mit gemischter Schaltung. Alle diese Maschinen können sich selbst erregen. Der Vorgang der Selbsterregung, die eine Entdeckung von Werner von Siemens ist, ist kurz gesagt der folgende: In dem Magnetsystem einer jeden Maschine, die schon einmal gelaufen ist, bleibt nach dem Stillsetzen immer noch ein schwacher Magnetismus zurück. Beim nächsten Anlaufen der Maschine entsteht durch den schwachen Magnetismus der Pole in den Drähten des Ankers zuerst auch eine ganz schwache elektromotorische Kraft. Diese erzeugt einen entsprechend schwachen Strom in der Wickelung der Magnete, wodurch der Magnetismus verstärkt wird. Dadurch wird die im Anker induzierte elektromotorische Kraft stärker und der Strom dann ebenfalls. So steigt also die elektromotorische Kraft des Ankers und der Strom in der Magnetwickelung immer weiter, bis zu einer bestimmten Grenze, die von den Widerständen der Maschine und des Stromkreises abhängt. Mit dem Regulierwiderstand kann der Maschinist die Maschine sich selbst bis zu einer bestimmten elektromotorischen Kraft erregen lassen. Wie dies geschieht, wird bei den einzelnen Maschinenschaltungen besonders gezeigt. Selbsterregung ist aber nur möglich, wenn schon ein schwacher Magnetismus im Magnetsystem vorhanden ist. Eine ganz neue Maschine, die noch nie gelaufen ist, kann sich nicht selbst erregen. Sie wird deshalb gleich in der Fabrik zuerst einmal mit fremdem Strom magnetisiert, danach kann sie sich dann selbst erregen. Der schwache Magnetismus kann aber leicht durch Erschütterungen verloren gehen. Dies kommt zuweilen beim Eisenbahntransport einer Maschine vor. Es muß dann die Maschine, wenn sie sich beim ersten Betriebsversuch nicht erregt, noch einmal fremd magnetisiert werden. Die Selbsterregung kann aber auch durch falsche Verbindung zwischen Magnetwickelung und Anker oder durch verkehrte Umlaufsrichtung verhindert werden. Hierüber soll bei den einzelnen Schaltungsarten noch genauer gesprochen werden.

Die Hauptstrommaschine.

Die Hauptstrommaschine ist durch Fig. 20 gekennzeichnet, wo eine ältere Form, die Hufeisenform, dargestellt ist, während in Fig. 21 eine neuere Form gezeigt ist, bei welcher der Anschluß des äußeren Stromkreises genau so, also auch an die Klemmen $K_1 K_2$ erfolgt. Beide Maschinen sind zweipolig, aus der Form in Fig. 21 ergibt sich aber auch leicht die Schaltung für mehrpolige Haupt-

Schaltungen der Gleichstromerzeugermaschinen. 15

strommaschinen; so ist in Fig. 22 eine sechspolige Maschine dargestellt. Weil Anker und Magnetwickelung hintereinander geschaltet sind, also derselbe Strom, der im Anker und im äußeren Stromkreis fließt, auch durch die Magnetwindungen muß, besitzt die Hauptstrommaschine nur wenige Windungen aus dickerem Draht auf den

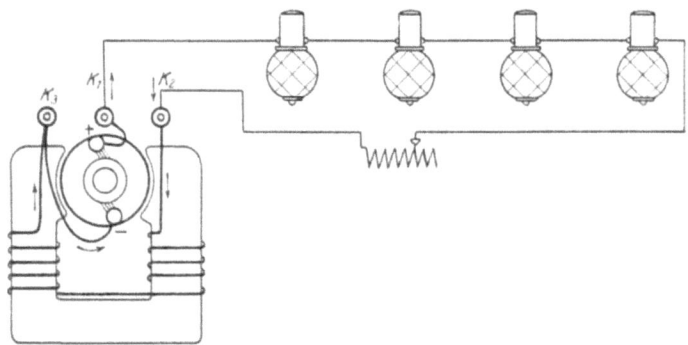

Fig. 20. Hauptstrommaschine, ältere zweipolige Hufeisenform.

Magneten. Natürlich richtet sich Windungszahl und Drahtstärke nach der Stromstärke. Eine Maschine für höhere Spannung, die dann mit geringerem Strom arbeitet als eine solche für niedrige Spannung

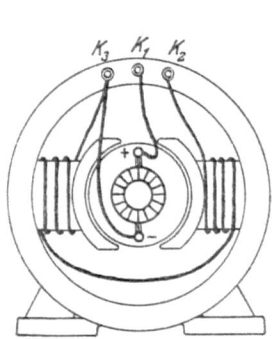
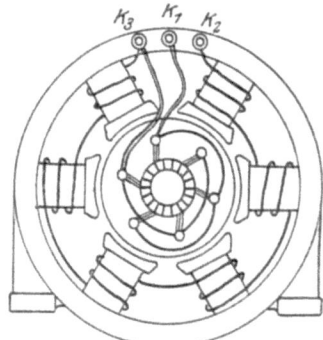

Fig. 21. Zweipolige Hauptstrommaschine mit rundem Gehäuse.

Fig. 22. Sechspolige Hauptstrommaschine.

gleicher Leistung, hat immer eine größere Zahl Magnetwindungen und dünneren Draht als die Maschine für niedrigere Spannung.

Wegen der Hintereinanderschaltung von Anker, Magnetwickelung und äußerem Stromkreis muß auch der äußere Stromkreis eingeschaltet oder ein Hilfswiderstand an seiner Stelle sein, wenn die Hauptstrommaschine sich selbst erregen soll.

Die Arbeitsweise der Hauptstrommaschine ist folgende: Wenn die Maschine stark belastet ist, also starken Strom liefern muß, dann entsteht auch ein starkes Magnetfeld und die elektromotorische Kraft im Anker sowohl, als auch die Klemmenspannung werden hoch. Eine schwach belastete Hauptstrommaschine hat geringen Strom und niedrige Spannung. Je mehr sie belastet wird, um so höher steigt der Strom und gleichzeitig die Spannung. Aus diesem Grunde ist Überlastung oder ein Kurzschluß für die Hauptstrommaschine gefährlich und sie muß mit Schutzeinrichtungen gegen zu hohe Belastung versehen werden, wie Fig. 23 eine solche zeigt. Überschreitet der Strom die zulässige Höhe, so zieht der Magnet m den Anker a an, wodurch der Hebelschalter S frei gegeben wird und durch sein Einschnappen die Punkte 1 und 2 verbindet, also die Wickelung W der Magnete dadurch kurzschließt. Dadurch wird die Magnetwickelung stromlos und die Maschine verliert ihre Spannung.

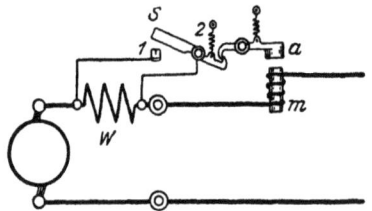

Fig. 23. Schutz gegen Kurzschluß und Überstrom bei Hauptstrommaschinen.

Wenn beim ersten Ingangsetzen die Maschine sich nicht erregen will, können zwei Ursachen vorhanden sein. Entweder hat die Maschine ihren Magnetismus verloren, oder die Verbindung der Magnetwickelung mit dem Anker ist nicht richtig. Wenn die Maschine keinen genügend starken Magnetismus mehr hat, zeigt das Voltmeter, sobald die Maschine mit ihrer vollen Umdrehungszahl läuft, ganz wenig, oder gar keine Spannung. Sie muß dann zuerst magnetisiert werden, indem man nach Fig. 24 eine fremde Stromquelle mit vorgeschaltetem Regulierwiderstand an die Magnetwickelung schaltet. Der Anschluß erfolgt an die Klemmen $K_2 K_3$, während K_1 frei bleibt. Die beste Stromquelle sind Akkumulatoren, da diese aber bei Hauptstrommaschinen gewöhnlich nicht vorhanden sind, muß man Strom von den Sammelschienen der Anlage nehmen, also eine andere Maschine laufen lassen oder zur Not sich mit einer Batterie von galvanischen Elementen begnügen. In

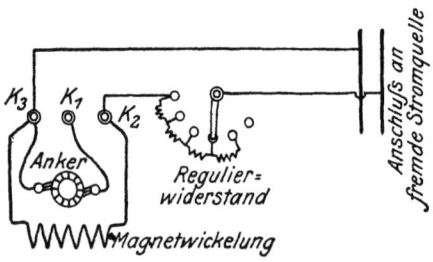

Fig. 24. Fremde Magnetisierung einer Hauptstrommaschine.

diesem Fall kann man wegen der geringen Leistungsfähigkeit der Stromquelle die Pole alle nur einzeln magnetisieren. Man muß beim Magnetisieren darauf achten, daß die einzelnen Pole richtig abwechseln, also Nord, Süd, Nord, Süd usw. aufeinander folgen, was man mit einer kleinen Magnetnadel kontrollieren kann. Wenn die Verbindung zwischen Magnetwickelung und Anker nicht richtig ist, so beobachtet man am Voltmeter während des Anlaufens der Maschine, also wenn die Tourenzahl noch steigt, keine Zunahme, sondern ein Zurückgehen des kleinen Ausschlages. Es rührt dies daher, daß der durch den schwachen Magnetismus entstandene Strom nicht in der rechten Richtung durch die Magnetwickelung fließt und deshalb den Magnetismus schwächt, anstatt ihn verstärkt. Man braucht in diesem Fall nur die Enden der Magnetwickelung, die an K_2 und K_3 angeschlossen sind, bei den Maschinen in den Figuren 20, 21 und 22 miteinander zu vertauschen. Dasselbe muß man tun, wenn an Ort und Stelle die Maschine eine andere Umlaufsrichtung hat, als diejenige, bei der sie in der Fabrik probiert wurde.

Man kann Hauptstromgeneratoren nur für besonders geschaltete Bogenlicht- oder Glühlichtanlagen sowie für Arbeitsübertragungen von Generatoren auf Motoren anwenden. Zum Zusammenarbeiten mit Akkumulatoren ist die Maschine nicht geeignet, ebenfalls nicht für den Betrieb unserer gewöhnlichen elektrischen Anlagen, mit den verschiedensten Lampenarten und Motoren zusammen. Man findet deshalb Hauptstrom-Generatoren nicht so häufig.

Die Nebenschlußmaschine.

Die Nebenschlußmaschine (Fig. 25 und 26) wird viel häufiger angewendet, als die Hauptstrommaschine. Sie hat gewöhnlich viele Windungen von dünnem Draht auf ihren Magneten, welche nach Fig. 25 mit einem Regulierwiderstand R in ihrem Stromkreis parallel zum äußeren Stromkreis geschaltet sind und einen solch hohen Widerstand haben, daß nur ein schwacher Teilstrom des Stromes aus dem Anker für die Magnetisierung erforderlich ist. Der Ankerstrom J_a verzweigt sich an der Klemme K_1 in den äußeren Strom J und den schwachen Magnetstrom i. Der äußere Strom J kehrt durch die Klemme K_2 und die Bürste — in den Anker zurück, während der schwache Magnetstrom i nach dem Hindurchfließen durch die Magnetwickelung zur Klemme k und von dort durch den Regler R ebenfalls zur Klemme K_2 zurückkehrt, sich dort mit dem äußeren Strom J vereint, und gemeinsam mit diesem zur Bürste — und in den Anker zurückfließt. Da der Magnetstrom nur schwach ist, braucht die Nebenschlußmaschine viele Magnetwindungen, im Gegensatz zu der einen starken Strom für die Magnete besitzenden Hauptstrommaschine.

18 Grundlegende Schaltungen und Eigenschaften usw.

Wenn die Nebenschlußmaschine sich selbst erregen soll, muß der äußere Stromkreis zunächst ausgeschaltet sein. Man läßt die Antriebsmaschine anlaufen, und wenn sie der Nebenschlußmaschine

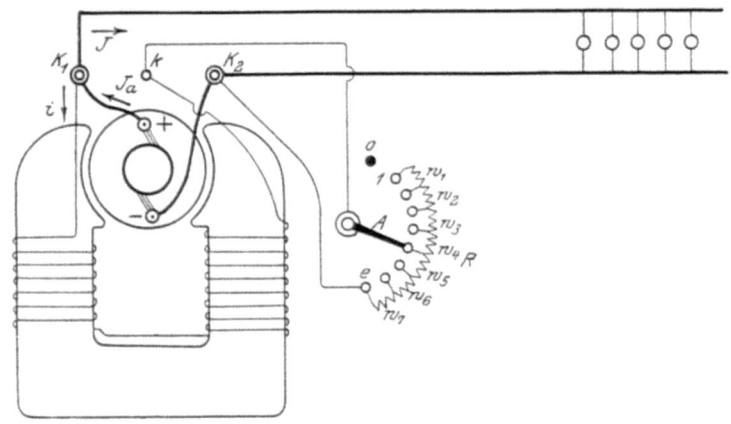

Fig. 25. Zweipolige Nebenschlußmaschine, ältere Hufeisenform.

die normale Umlaufszahl erteilt hat, dreht man die Kurbel A des Reglers R in Fig. 25 von dem Kontakt 0 auf irgend einen der Kontakte zwischen 1 und e. Dadurch ist für den Magnetstrom i ein geschlossener Stromkreis hergestellt, welcher von der Bürste $+$ nach K_1, durch die Magnetwickelung nach k, durch R nach K_2 zur Bürste $-$ verläuft. Die Selbsterregung erfolgt

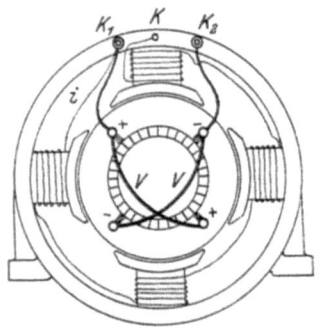

Fig. 26. Vierpolige Nebenschlußmaschine.

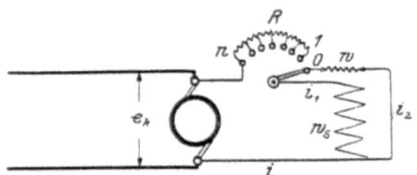

Fig. 27. Funkenfreies Abschalten der Magnetwickelung.

dann in derselben Weise wie schon angegeben. Mit der Kurbel A des Reglers stellt der Maschinist unter Beobachtung des Voltmeters die richtige Spannung der Maschine ein.

Um das Ausschalten der Magnetwickelung mit dem Regler funkenfrei ausführen zu können, benutzt man eine Schaltung nach Fig. 27. Wenn die Kurbel des Reglers zwischen den Kontakten 1

Schaltungen der Gleichstromerzeugermaschinen. 19

und O steht, die sie gleichzeitig berühren muß, ist der Widerstand w parallel zur Magnetwickelung w_s geschaltet. Dreht man im nächsten Augenblick die Kurbel vollends auf O, dann sind w und w_s hintereinander geschaltet und es kann, trotz der Unterbrechung der Stromführung zu den Magneten, vom Anker her, keine für die Isolation schädliche Extraspannung entstehen, wie sie sonst leicht beim Ausschalten von starken Magneten mit vielen Windungen auftritt, denn durch die Verbindung von w_s mit w kann sich die Spannung in Form eines Stromstoßes ausgleichen. In den meisten Fällen kann man sogar den Widerstand w vollständig fortlassen und erhält dann eine Schaltung wie sie die Fig. 140 und 143 zeigen.

Das Verhalten der Nebenschlußmaschine im Betriebe ist gerade umgekehrt, wie dasjenige der Hauptstrommaschine. Wenn sie belastet wird, nimmt ihre Spannung um so mehr ab, je mehr die Belastung zunimmt. Es muß deshalb mit dem Regler R bei zunehmender Belastung der Magnetstrom verstärkt werden können, was dadurch möglich ist, daß die Kurbel A des Reglers bei Leerlauf der Maschine auf dem Kontakt *1* oder dicht dabei steht, während die Spannung die normale ist. Werden dann im äußeren Stromkreis Lampen oder Motoren eingeschaltet, so sinkt die Spannung und der Maschinist dreht so lange die Kurbel A weiter nach e hin, bis das Voltmeter wieder die normale Spannung zeigt. Bei voller Belastung steht dann die Kurbel dicht bei dem letzten Kontakt e. Eine gute Maschine hat also immer noch einige Kontakte auf dem Regler vor dem letzten Kontakt e frei, wenn sie voll belastet ist, damit sie einmal auch auf kurze Zeit überlastet werden kann und wenigstens noch dann, wenn aus irgend einem Grunde (z. B. Riemenrutsch, Vorkommnisse an der Antriebsmaschine) die Umlaufszahl zurückgeht, bei voller Belastung die normale Spannung auf dem letzten Kontakt e eingestellt werden kann. Ebenfalls darf sie nicht schon auf Kontakt *1* bei Leerlauf die volle normale Spannung geben, sondern erst einige Kontakte später, denn wenn ihre Umlaufszahl einmal etwas höher als gewöhnlich sein sollte, würde sie auf dem Kontakt *1* zu hohe Spannung geben und da es beim Betrieb mehrerer Maschinen sehr genau auf die Spannung ankommt, wie später gezeigt werden soll, würde die Maschine Schwierigkeiten machen.

Weil bei der Nebenschlußmaschine mit zunehmendem Strom die Spannung sinkt, wird ihr auch ein Kurzschluß nicht so gefährlich als der Hauptstrommaschine, denn sie verliert dabei einfach ihre Spannung. Selbstverständlich sind aber trotzdem die Nebenschlußmaschinen auch vor Kurzschlüssen zu sichern, denn erstens schadet der Kurzschlußstrom doch durch sein stoßweises Auftreten, wodurch die Maschine mechanisch stärker beansprucht wird, und durch Bürstenfeuer, welches auftreten kann. Außerdem arbeiten gerade die Nebenschlußmaschinen fast immer mit Akkumulatoren zusammen und für diese würde der Kurzschluß schädlich wirken.

Auch bei der Nebenschlußmaschine können dieselben Umstände wie bei der Hauptstrommaschine das Nichterregen beim ersten Anlauf veranlassen. Ist der schwache Magnetismus verloren gegangen, so muß fremd erregt werden, indem nach Fig. 28 die Ankerverbindung von der Klemme K_1 gelöst wird. Dann fließt der Strom aus der fremden Stromquelle nach K_1, von dort durch die Magnetwickelung nach Klemme k und durch den Regler nach Klemme K_2 und von dort zur Stromquelle zurück. Hier kann auch gleich der gewöhnliche Regler der Maschine benutzt werden, während bei der Hauptstrommaschine ein besonderer, für stärkere Ströme geeigneter Widerstand benutzt werden muß. Ist der zweite Umstand schuld, daß die Maschine sich nicht erregt, geht also der Voltmeterzeiger, der bei voller Umlaufzahl der Maschine und zunächst noch ausgeschaltetem Regler (Kurbel A in Fig. 25 auf O) einen schwachen Ausschlag zeigt, beim Einschalten des Reglers nach O zurück, so fließt der Magnetstrom in verkehrter Richtung durch die Magnetwickelung und entmagnetisiert die Pole, anstatt sie zu verstärken.

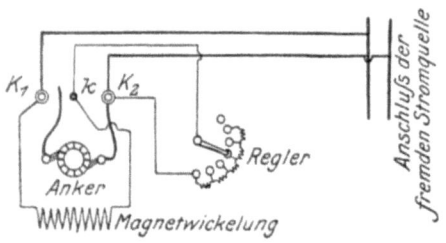

Fig. 28. Fremde Magnetisierung einer Nebenschlußmaschine.

Dieser Fall tritt auch bei der Nebenschlußmaschine nur dann ein, wenn sie an Ort und Stelle in umgekehrter Richtung laufen muß, als wie sie auf dem Prüffeld der Fabrik lief. Man braucht auch hier nur die Enden der Magnetwickelung miteinander zu vertauschen, also den Magnetdraht von Klemme K_1 nach k und denjenigen von k nach K_1 zu legen.

Maschine mit gemischter Schaltung (Verbund- oder Kompoundmaschine).

Als dritte Schaltung für Gleichstromerzeuger kommt die Maschine mit gemischter Schaltung vor. Die Magnete besitzen bei dieser Schaltungsart, die auch Verbund- oder Kompoundmaschine heißt, zwei gesonderte Wickelungen, die eine aus wenigen dicken Windungen und die andere aus vielen dünnen. Die dünne Wickelung kann nach Fig. 29 an die Klemmen $K_1 K_2$ angeschlossen werden, an denen der äußere Stromkreis liegt, oder nach Fig. 30 direkt an die Bürsten, denn diese sind ja mit den Klemmen $K_2 K_3$ verbunden. Beide Schaltungen, die auch „Verbundmaschine mit langem Schluß" (Fig. 29) und „Verbundmaschine mit kurzem Schluß" (Fig. 30) heißen, haben keine Vorzüge voreinander und sind in ihrer Wirkung vollkommen gleich. Wie man aus den Figuren erkennt, ist die Maschine mit gemischter Schaltung eine Vereinigung von Hauptstrom- und Nebenschlußmaschine, sie hat deshalb die Eigenschaften beider Maschinenschaltungen zusammen.

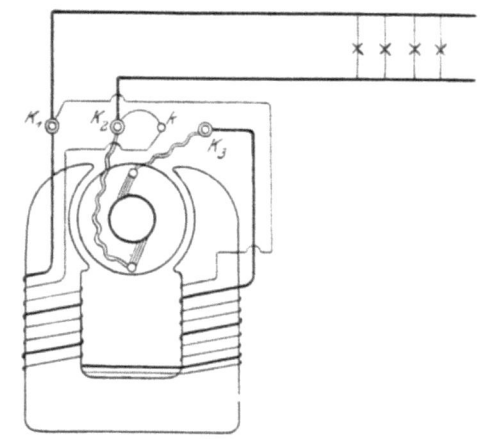

Fig. 29. Maschine mit gemischter Schaltung (Klemmenanschluß).

Da bei der Nebenschlußmaschine die Spannung mit zunehmender Belastung sinkt, bei der Hauptstrommaschine aber dann gerade zunimmt, so kann man die Maschine mit gemischter Schaltung so ausführen, daß sie bei allen Belastungen mit der gleichen konstanten Spannung arbeitet. Man braucht daher diese Maschine nicht wie die Nebenschlußmaschine zu regulieren, wenn im äußeren Stromkreis Lampen oder Motoren ein- oder ausgeschaltet werden. Sollen aber mehrere Maschinen zusammen arbeiten, so muß doch jede

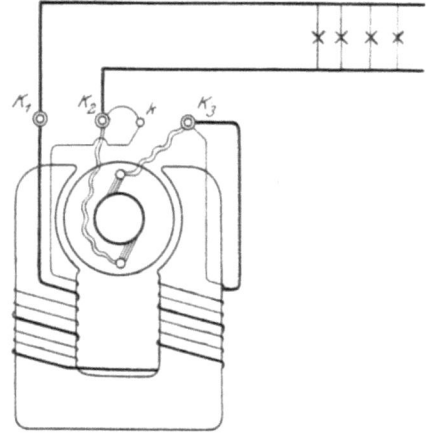

Fig. 30. Maschine mit gemischter Schaltung (Bürstenanschluß).

derselben einen Regler erhalten, damit man die Belastung auf die einzelnen Maschinen beliebig verteilen kann und um überhaupt die Maschinen ein- und ausschalten zu können. Der Regler wird einfach zwischen die Klemmen $K_2 k$ geschaltet. Da mehrere Verbundmaschinen doch reguliert werden müssen, außerdem ihr Zusammenarbeiten mit Akkumulatoren nicht ganz einfach ist, wendet man sie meist für kleinere Anlagen an.

Bei der Maschine mit gemischter Schaltung sind auch wieder die gleichen Umstände wie bei der Hauptstrommaschine am Nichterregen beim ersten Anlauf schuld. Ist der Magnetismus verloren gegangen, so muß sie mit ihren Nebenschlußwindungen fremd magnetisiert werden, indem man dabei für die Maschine mit Klemmenanschluß (Fig. 29) die Schaltung nach Fig. 31 anwendet und

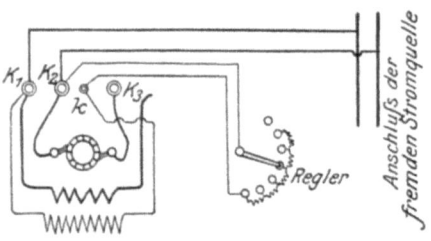

Fig. 31. Fremde Magnetisierung einer Verbundmaschine mit Klemmenanschluß.

für die Maschine mit Bürstenanschluß (Fig. 30) benutzt man die Schaltung nach Fig. 32. Stimmt der Anschluß der Nebenschlußwindungen nicht mit der Drehrichtung der Maschine überein, geht also der kleine Ausschlag am Voltmeter beim Einschalten des Reglers zurück, so muß man auch hier die Enden der dünnen Magnetwickelung wie bei der Nebenschlußmaschine miteinander verbinden. In Fig. 29 vertauscht man dann die Enden der Nebenschlußwickelung an den Klemmen k und K_1, in Fig. 30 an den Klemmen k und K_3. Wenn zwischen K_2 und k ein Regler liegt, so wird derselbe durch das Umschalten nicht berührt, er bleibt genau so eingeschaltet.

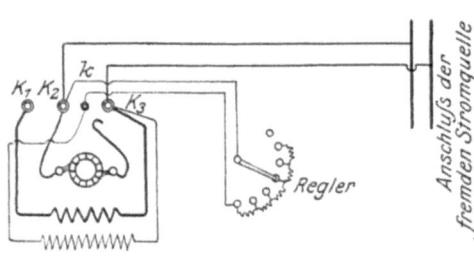

Fig. 32. Fremde Magnetisierung einer Verbundmaschine mit Bürstenanschluß.

Wenn die Enden der Nebenschlußwindungen vertauscht werden, so müssen aber gewöhnlich auch die Enden der dicken Windungen vertauscht werden. Wenn die dicke Wickelung falsch angeschlossen ist, so erregt sich zwar die leer anlaufende Maschine vollkommen richtig, sobald sie aber belastet wird, geht ihre Spannung zurück, anstatt konstant zu bleiben. Es fließt in diesem Fall der Strom in den dicken Windungen nach der falschen Richtung und man muß in beiden Fällen, bei Fig. 29 und 30, die Anschlüsse der dicken Wickelung an den Klemmen K_1 und K_3 miteinander vertauschen.

Maschinen mit Wendepolen und Kompensationswickelungen (Turbodynamos).

Solche elektrischen Maschinen, die für sehr hohe Umdrehungszahlen, z. B. für den Antrieb durch Dampfturbinen geeignet sein sollen, auch Elektromotoren mit hohen Umlaufszahlen und weiter Veränderungsmöglichkeit der Umdrehungen können nicht in der gewöhnlichen Weise ausgeführt werden, einmal, weil sie dann mit solch starkem Feuer an den Bürsten arbeiten würden, daß der Betrieb unmöglich würde, und dann, weil durch die hohen Umlaufszahlen andere Ansprüche an die Festigkeit der sich drehenden Teile gestellt werden, als bei normalen Maschinen. Gegen das Feuern wendet man Wendepole oder auch Kompensationswickelungen an. Die Wendepole sind kleine Hilfspole p, welche nach Fig. 33 zwischen die Hauptpole P an das Joch angeschraubt werden und mit einer

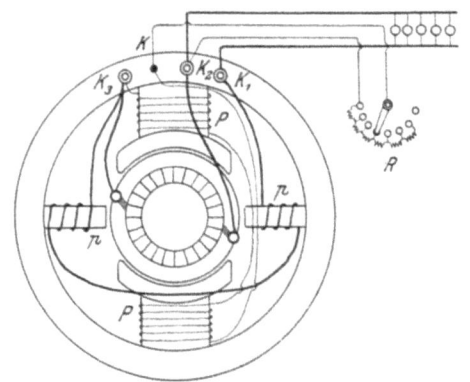

Fig. 33. Nebenschlußmaschine mit Wendepolen.

dickdrähtigen Wickelung aus wenigen Windungen versehen sind, die vom Ankerstrom durchflossen wird. Sonst sind diese Maschinen ganz normal, wie Fig. 33 zeigt, die eine zweipolige Nebenschlußmaschine mit Wendepolen darstellt. Die Wirkung der Wendepole besteht darin, daß die Maschine unter Verhältnissen, die sonst unmöglich wären, ohne Bürstenfeuer arbeitet, wie schon gesagt wurde, und daß auch die Bürsten bei allen Belastungen in derselben Stellung stehen bleiben. Sie brauchen nicht, wie sonst gewöhnlich, bei Änderungen der Belastung verschoben zu werden. Außerdem braucht eine Maschine mit Wendepolen bei Belastungsänderungen wenig reguliert zu werden, trotzdem braucht sie den in Fig. 33 gezeichneten Regler R zum Aus- und Einschalten sowie zum Verteilen der Belastung beim Zusammenarbeiten mit anderen Maschinen.

Dieselbe Wirkung wie die Wendepole haben die Kompensationswickelungen. Sie werden hauptsächlich bei Turbodynamos angewendet.

Ihr Prinzip ist in Fig. 34 dargestellt und das Magnetsystem besteht dann nicht aus massivem Eisen, sondern wie bei den Wechselstrommaschinen aus gestanzten Blechen mit Nuten, ohne ausgeprägte Pole. Die in Fig. 34 dargestellte Maschine ist eine vierpolige Nebenschlußmaschine. Die vier Magnetspulen n liegen in etwas größeren Nuten und zwischen ihnen liegen die aus Kupferstäben bestehenden Kompensationswindungen C. Die Kompensationswickelung wird wie die Windungen der Wendepole vom Ankerstrom durchflossen.

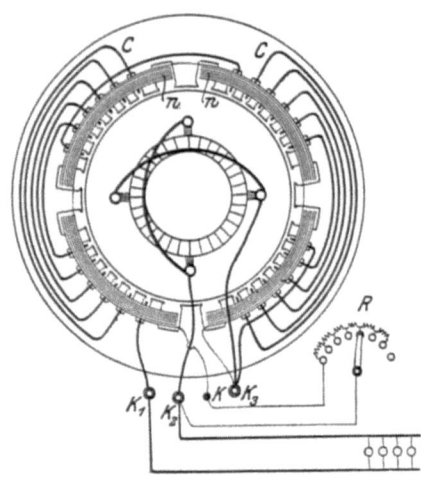

Fig. 34. Gleichstromturbodynamo mit Kompensationswickelung.

Wegen der hohen Umlaufszahl müssen die Anker von Turbodynamos mechanisch viel fester ausgeführt sein und die Kupferstäbe der Wickelung oder die Drähte der Ankerspulen müssen viel besser gegen Herausfliegen gesichert werden als bei gewöhnlichen Ankern, wo einfache Drahtbandagen genügen. In Fig. 35 ist ein Anker für eine Turbodynamo abgebildet. Die Wickelung liegt in teilweise geschlossenen Nuten des Eisenkörpers A, ähnlich wie in Fig. 34, wird aber durch isolierte Metallkeile, die seitlich über die Kupferstäbe geschoben werden, gesichert. Die Wickel-

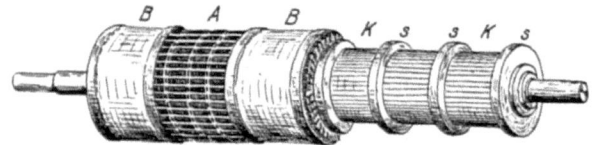

Fig. 35. Anker einer Gleichstromturbodynamo.

köpfe und aus dem Ankereisen herausragenden Teile der Stäbe dürfen auch nicht einfach mit Draht bandagiert werden, sondern müssen mit Nickelstahlhülsen B geschützt werden. Die Kollektoren fallen meist sehr lang aus und die Lamellen K müssen deshalb durch einige Schrumpfringe s vor einem Verbiegen geschützt werden.

Als Stromabnehmer benutzt man bei Turbodynamos keine Kohlenbürsten, sondern Bürsten aus Kupferblech.

IV. Schaltungen der Wechselstromerzeuger.

Im vorigen Abschnitt wurde schon bei Fig. 16 die Erzeugung eines Wechselstromes vermittels einer einfachen Drahtschleife erklärt. Der Strom wechselt dabei jedesmal dann seine Richtung, wenn die Drahtschleife die Magnetpole wechselt. In der Praxis benutzt man Wechselstrom von 100 Stromwechseln in der Sekunde. Man muß diese hohe Wechselzahl wegen der elektrischen Lampen anwenden. Das menschliche Auge ist so empfindlich und die Lampen folgen mit ihrem Licht den Stromänderungen so rasch, daß man bei Stromwechseln unter 80 in der Sekunde ein deutliches Zittern des Lichtes erkennt. Für Motoren sind dagegen geringe Stromwechselzahlen besser geeignet und man führt deshalb reine Motorenanlagen ohne Licht, besonders die neueren elektrischen Eisenbahnanlagen für Einphasenstrom, mit etwa 30 Wechseln aus. Bei den für die gewöhnlichen, Licht und Motoren enthaltenden Wechselstromanlagen erforderlichen 100 Stromwechseln muß sich die Drahtschleife nach Fig. 16, weil sie bei einer Umdrehung an zwei Magnetpolen vorbeikommt und demnach zweimal die Stromrichtung wechselt, 50 mal in einer Sekunde oder $50 \cdot 60 = 3000$ mal in der Minute umdrehen. Die Tourenzahl 3000 in der Minute ist aber sehr hoch und man führt deshalb Wechselstrommaschinen, mit Ausnahme der Turbodynamos, gewöhnlich nicht mit zwei, sondern mit wenigstens 4 Polen aus. Bei dieser Polzahl wechselt der Strom während einer Umdrehung 4 mal und es braucht die Schleife nur noch 25 mal in der Sekunde oder $25 \cdot 60 = 1500$ minutliche Umdrehungen zu machen, um 100 Stromwechsel in der Sekunde zu erzeugen. Da nun die Wechselstrommaschinen vorwiegend für große Leistungen gebaut werden und dann direkt mit der Dampfmaschine gekuppelt werden, große Dampfmaschinen aber immer langsam laufen, so erhalten die Wechselstrommaschinen ziemlich viele Pole. Es werden Maschinen mit 50 und noch mehr Polen ausgeführt und zu 100 Stromwechseln gehören dann $\frac{100}{50} = 2$ Umdrehungen in der Sekunde oder $2 \cdot 60 = 120$ Umdrehungen in der Minute.

Die Wechselstrommaschinen werden gewöhnlich für hohe Spannungen ausgeführt und da man Drahtwickelungen mit hoher Spannung leichter isolieren kann, wenn sie still stehen, so führt man bei Wechselstrom den Anker mit der Bewickelung ruhend aus, während das Magnetrad mit den Polen umläuft. Das Schema einer solchen Wechselstrommaschine zeigt Fig. 36. Die Wickelung besteht aus vier Stäben, die mit *1*, *2*, *3*, *4* bezeichnet sind. Diese Stäbe stecken in Löchern des aus Blechen aufgebauten eisernen Ankerkörpers *A*. Die Richtung der Induktionen in den Drähten ergibt sich nach der Handregel Seite 11 und Fig. 17, die aber jetzt für den stillstehenden Draht und das bewegte Feld angewendet werden muß.

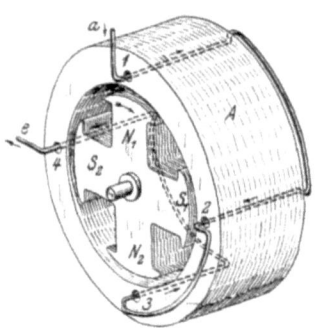

Fig. 36. Schema einer einphasigen Wechselstrommaschine.

In diesem Fall denkt man sich einfach, wie der Draht bewegt werden muß, wenn das Feld still stände. Da der Draht 1 nach dem Verlassen des Poles N_1 vor den Pol S_2 kommen muß, müßte man den Ankerkörper gerade umgekehrt bewegen, als das Polrad, wenn dieses still stände. Der Daumen der rechten Hand muß also bei Draht 1 nach hinten zeigen, der Zeigefinger nach oben, dann ergibt sich aus dem Mittelfinger die Induktion in der Richtung des neben den Draht gesetzten Pfeiles. Für die übrigen Drähte erhält man die ebenfalls beigezeichneten Induktionsrichtungen.

Man unterscheidet bei Wechselstrommaschinen zwischen ein- und mehrphasigen Maschinen. Hat die Maschine nur eine Wickelung, wie Fig. 36, so ist sie einphasig. Bei zwei Wickelungen ist sie zwei-

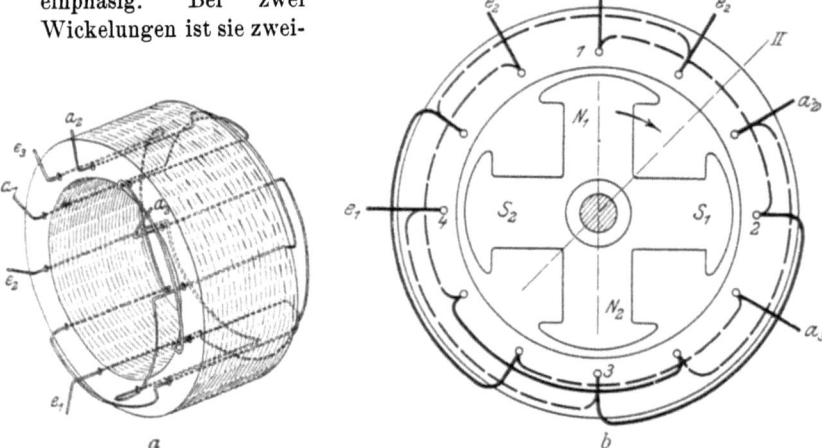

Fig. 37. Schema der Ankerwickelung einer dreiphasigen Maschine.

phasig. Solche Maschinen kommen aber kaum vor. Dagegen sind die einphasigen und die dreiphasigen sehr viel in Anwendung. Eine dreiphasige Maschine besitzt drei Wickelungen, wie Fig. 37 zeigt. Anfang und Ende der ersten Wickelung sind mit a_1 und e_1

bezeichnet, desgleichen bedeuten a_2 und e_2 sowie a_3 und e_3 Anfänge und Enden der zweiten und dritten Wickelung. Die drei Wickelungen sind um $\frac{2}{3}$ der Polteilung gegeneinander versetzt, wie aus der rechten Hälfte der Fig. 37 hervorgeht, wo die Wickelung gerade von vorn gegen die Stirnseite gesehen gezeichnet und das Polrad mit dargestellt ist. Es ist dort die Linie II gegen die Linie $N_1 N_2$ um die halbe Polteilung verschoben. Wenn die Pole $N_1 N_2$ auf diese Linie zu stehen kommen, dann ist die Induktion in der Wickelung *1, 2, 3, 4* mit $a_1 e_1$ gerade null, in der zweiten Wickelung mit $a_2 e_2$ beginnt die Induktion in der Richtung, wie sie vorher in der ersten Wickelung war und in der dritten Wickelung mit $a_3 e_3$,

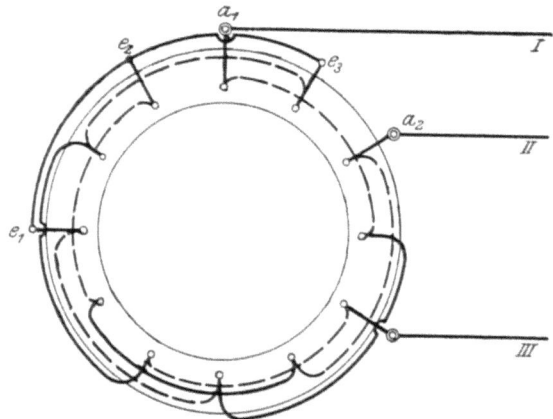

Fig. 38. Anker in Sternschaltung.

von deren Anfangsdraht a_3 sich gerade der Pol S_1 entfernt, wird die Induktion, die dort umgekehrt gerichtet ist, wie in der zweiten Wickelung, schwächer. Es ist also in den drei Wickelungen der eine Strom null, die beiden anderen sind einander entgegengesetzt und sonst aber gleich stark. Untersucht man die Induktionen für alle möglichen Stellungen des Polrades, so findet man, daß folgende Zustände abwechseln: Ein Strom ist null, die beiden anderen sind gleich stark aber entgegengesetzt, oder zwei Ströme sind gleich gerichtet, aber jeder halb so stark, als der dritte, der entgegengesetzt gerichtet ist. Im ersten Fall kann man mit 2 Leitungen auskommen, wegen des zweiten Falles muß man drei haben. Im ersten Fall ist eine Leitung stromlos, die zweite ist die Hinleitung, die dritte die Rückleitung. Im nächsten Augenblick (wegen der 100 Stromwechsel in der Sekunde) wechseln die Leitungen ihre

Rollen, zwei werden Rückleitungen und führen jede halb soviel Strom als die dritte, die die Hinleitung ist. So geht fortwährend der Wechsel in den Leitungen vor sich, aber anstatt daß man bei den drei Wickelungen, die auf der Maschine liegen, 6 Leitungen

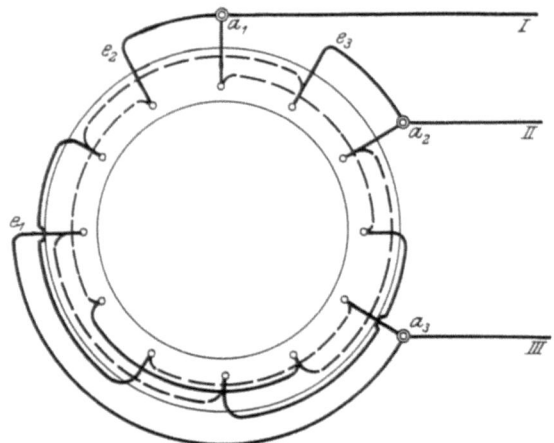

Fig. 39. Anker in Dreiecksschaltung.

braucht, je drei Hinleitungen und drei Rückleitungen, kann man mit dreien auskommen. Man kann also die Arbeit aus drei Maschinen (die drei Wickelungen) mit 3 Leitungen anstatt mit 6 fortleiten, man spart also bedeutend an Leitungskosten und Material und deshalb führt man die Dreiphasenanlagen hauptsächlich aus.

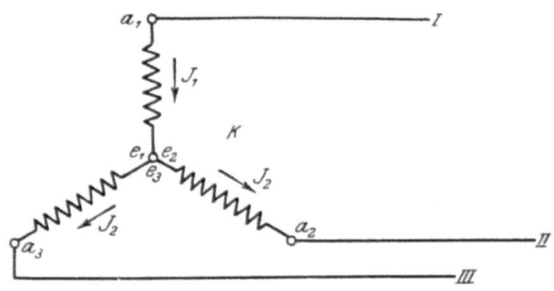

Fig. 40. Sternschaltung.

Um nun aus den sechs Drahtenden $a_1 a_2 a_3 e_1 e_2 e_3$ in Fig. 37 nur drei Leitungen fortzuleiten, kann man Sternschaltung oder Dreiecksschaltung ausführen. Warum die Schaltungen so heißen, folgt aus den Figuren 38, 39, 40 und 41. Bei der Sternschaltung, wie sie Fig. 40 ganz vereinfacht zeigt, werden die drei Enden $e_1 e_2 e_3$

der drei Wickelungen zu einem Knotenpunkt K verbunden, während die drei Anfänge $a_1 a_2 a_3$ an die drei Leitungen I, II, III angeschlossen sind. Die Dreiecksschaltung kommt dadurch zustande, daß man immer einen Anfang einer Wickelung mit dem Ende der nächsten verbindet, also a_1 mit e_2, a_2 mit e_3 usw., wie Fig. 41 zeigt. Häufiger wird die Sternschaltung ausgeführt.

Jede Wechselstrommaschine, gleichgültig, ob ein- oder mehrphasig, hat zur Erregung ihres Magnetfeldes eine Gleichstrommaschine nötig, die sogenannte Erregermaschine, die nach Fig. 42 geschaltet wird.

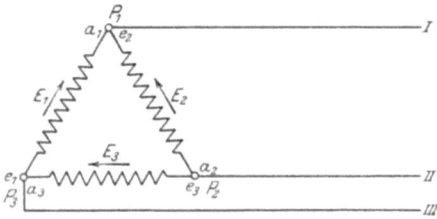

Fig. 41. Dreiecksschaltung.

Die Erregermaschine EM, eine kleine Gleichstrommaschine, ist entweder mit der großen Wechselstrommaschine auf eine Axe gesetzt oder sie wird besonders angetrieben. Sie ist immer eine Nebenschlußmaschine und hat ihren Regler R_1, während gewöhnlich ein zweiter Regler R_2 im Magnet-

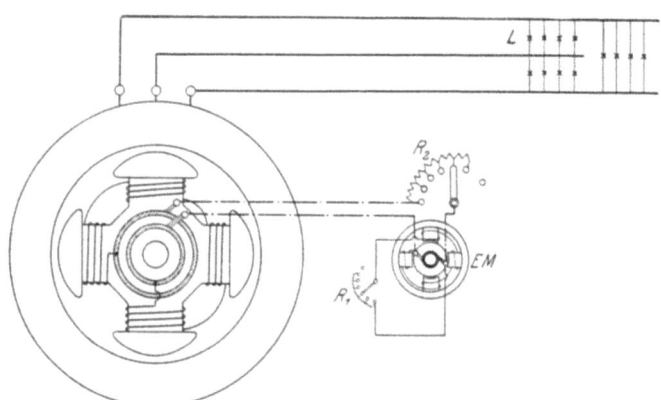

Fig. 42. Schaltung der Erregung für Wechselstrommaschinen.

stromkreis der Wechselstrommaschine liegt. Die Zuführung des Stromes zu den Wickelungen der Magnetpole erfolgt durch Bürsten und Schleifringe.

V. Die Akkumulatoren.

Für elektrische Anlagen mit stationärem Maschinenbetrieb, in denen zur Unterstützung und besseren Ausnützung der Maschinen

Akkumulatoren benutzt werden, kommen meist nur die alt bekannten Bleiakkumulatoren in Frage, während für sogenannte Traktionszwecke, also Automobile, Bahnen, Boote mehr die Edison-Akkumulatoren Verwendung finden. Die Bleiakkumulatoren enthalten Gitterplatten aus Hartblei, welche ringsherum einen Rahmen besitzen. In die Maschen des Gitters ist die Füllmasse eingestrichen, welche bei den positiven Platten aus Bleiglätte (Mennige) und bei den negativen Platten aus Bleischwamm besteht. Die positiven Platten sehen deshalb braunrot, die negativen grau aus. Die Füllflüssigkeit ist verdünnte Schwefelsäure. Es sind immer in einer Zelle mehrere positive und negative Platten vorhanden, die in zwei Gruppen parallel geschaltet werden wie Fig. 43 zeigt. Dort sind zwei positive Platten P_1 an den Bleistreifen F_1 und drei negative Platten P_2 an den anderen Bleistreifen F_2 gelötet. Man führt auch die Verbindungen zwischen den einzelnen Zellen immer durch Bleistreifen und Verlötung aus, weil Klemmschrauben bei den während der Ladung auftretenden Säuredünsten sehr bald zerstört würden. Es werden deshalb auch die Kupferleitungen blank auf Isolatoren verlegt und zum Schutz mit Emaillelack oder anderem geeigneten Lack angestrichen. Die Platten dürfen nicht auf den Boden des Gefäßes stoßen, weil sonst durch herausgefallene auf dem Boden liegende Füllmasse Kurzschluß zwischen den Platten bewirkt werden kann. Sie hängen deshalb mit ihren Nasen am Gefäßrand. Damit sie sich bei dem geringen Abstand voneinander nicht gegenseitig berühren können, stehen Glasrohrstäbe zwischen ihnen. Auch dürfen sie nicht mit ihrer Füllmasse außerhalb der Flüssigkeit sein. Die Gefäße sind bei kleineren Zellen aus Glas, bei großen aus Holz, welches innen mit Blei ausgeschlagen ist. Zur möglichsten Vermeidung von Erdschluß stehen die Batterien auf geteerten Holzgestellen und die einzelnen Zellen erhalten noch untergesetzte Porzellanisolatoren, wie sie in Fig. 43 angegeben sind.

Akkumulatoren müssen besonders sorgfältig und vorschriftsmäßig behandelt werden. Die Fabriken geben besondere Behandlungsvorschriften zu ihren Batterien und leisten bei genauer Befolgung Garantie, die aber immer abhängig gemacht wird von der vorschriftsmäßigen Behandlungsweise. Um kontrollieren zu können, ob immer richtig nach Vorschrift gehandelt wurde, wird gewöhnlich über Ladungsdauer, Entladungsdauer, Strom und Spannung, Säuredichte und verschiedenes täglich genau Buch geführt.

Die Wirkungsweise eines Akkumulators ist folgende: Durch die Ladung wird die Füllmasse der positiven Platten immer wieder in Bleiglätte verwandelt, die der negativen in Blei von schwammiger Form. Eine frisch geladene Zelle hat 2 Volt. Die Stärke des

Stromes, welchen die Zelle liefern kann, hängt von der Größe der Plattenoberfläche ab. Je stärker der Strom sein soll, um so größere Platten werden benutzt und um so mehr werden in einer Zelle parallel geschaltet. Bei der Entladung der Zellen wird ein Teil der verdünnten Schwefelsäure in Wasser umgewandelt und beide Plattenarten bilden sich um in schwefelsaures Blei, sie sulfatieren. Dabei sinkt die Spannung allmählich. Wenn sie von 2 Volt herunter bis auf 1,7 Volt gesunken ist, darf man die Entladung nicht mehr weiter fortsetzen, weil sonst die Platten dadurch Schaden leiden, daß zu viel von ihrer Füllmasse verwandelt wird. Die Füllmasse ändert dabei ihre Größe und die Platten verbiegen sich, ebenso wie es auch bei Kurzschluß oder zu starker Stromentnahme geschieht. Aus den verbogenen Gittermaschen der Platten fällt dann auch leicht die Füllmasse heraus. Sobald die Zellen entladen sind, wird am besten gleich wieder aufgeladen. Bei der Ladung wird der Teil der Füllmasse aus den positiven Platten, der durch die Entladung in schwefelsaures Blei umgewandelt war, wieder in Bleiglätte umgesetzt, während in den negativen Platten Bleischwamm entsteht. Gleichzeitig bildet sich auch das bei der Entladung entstandene Wasser wieder um in Schwefelsäure, welche man daran erkennen kann, daß sie in Form von Schlieren in der Flüssigkeit aufsteigt. Die Spannung steigt dabei an den Zellen von 2 Volt zu Beginn der Ladung bis auf 2,5, oder wenn man dann noch weiter ladet, bis auf 2,75 Volt. Gewöhnlich hört man bei 2,5 Volt mit der Ladung auf. Schon etwas vorher, ehe diese Spannung erreicht ist, beginnen in der Flüssigkeit größere Mengen von Gasblasen aufzusteigen, deren Entwickelung immer stärker wird und die ein Beweis dafür sind, daß die chemischen Zersetzungsprodukte, die der Ladestrom erzeugt, nicht mehr genügend von den Platten aufgenommen werden können, weil diese an ihrer Oberfläche schon sehr stark umgewandelt sind. Schließlich wird die Gasbildung immer stärker, die Zelle kocht, wie man diesen Vorgang am Ende der Ladung nennt und eine weitere Fortsetzung der Ladung hat keinen Zweck mehr, weil die Zersetzungsprodukte von den Platten nicht mehr richtig aufgenommen werden können. Man hört deshalb bei 2,5 Volt mit der Ladung auf, nur etwa alle 4 Wochen einmal ladet man stärker durch, bis auf 2,75 Volt pro Zelle, was sich als vorteilhaft herausgestellt hat.

Ob die Zelle geladen oder entladen ist, kann man auf 2 Arten erkennen, einmal an ihrer Spannung, die an der frisch geladenen Zelle 2 Volt, an der entladenen 1,7 Volt beträgt und dann noch an ihrer Füllflüssigkeit, die in einer geladenen Zelle mehr Schwefelsäure enthält und deshalb schwerer ist als in der mehr Wasser enthaltenden entladenen Zelle. Zur Messung der Spannung einzelner Zellen gibt es besondere kleine Voltmeter, die nach Fig. 43 benutzt werden, indem man die Metallspitzen am Instrument und an der Leitung gegen die Bleistreifen der beiden Pole drückt. Das Voltmeter braucht nur bis 3 Volt zu zeigen. Das zweite Instrument, mit dem man die Säuredichte beobachtet und daraus erkennt, ob die Zelle geladen oder entladen ist, ist das Aräometer, ein dem Thermometer ähnlicher Schwimmkörper aus Glas, der am unteren Ende G nach Fig. 44 so beschwert ist, daß er beim Einbringen in eine Flüssigkeit aufrecht schwimmt. Je schwerer die Flüssigkeit ist, um so weiter ragt das Aräometer oben heraus. Es besitzt eine Teilung, so daß man die Dichte der Flüssigkeit daran erkennen kann, bis zu welchem Teilstrich der Teilung es eintaucht. Die

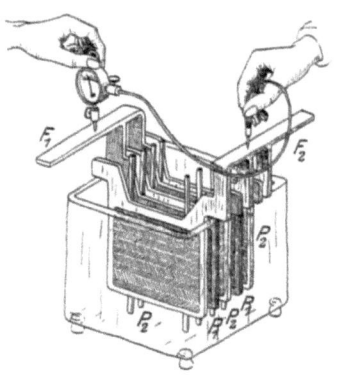
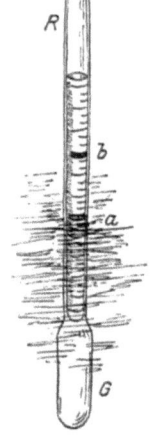

Fig. 43. Spannungsmessung mit besonderem Voltmeter an einer einzelnen Zelle.

Fig. 44. Aräometer.

Teilung ist in Grade nach Baumé (abgekürzt Be) eingeteilt und die Füllflüssigkeit des Akkumulators soll im allgemeinen nicht weniger als $18^0\,Bé$ haben und nicht über $22^0\,Bé$ steigen. Beträgt die Dichte der Säure weniger als $18^0\,Bé$, so ist verdünnte Säure von etwa $5^0\,Bé$ nachzugießen, ist dagegen die Dichte zu stark, also über $22^0\,Bé$ gestiegen, was durch Verdunsten von Wasser oft eintritt, so ist reines destilliertes Wasser nachzufüllen.

Bei zu starker Säuredichte kann leicht das Sulfatieren der Platten eintreten, welches ebenfalls durch Unreinigkeiten in der Säure oder zu langes Stehenlassen im entladenen Zustand herbeigeführt wird. Es überziehen sich dann die Platten mit dem schlecht leitenden weißlich-grauen Bleisulfat, das auch bei der Entladung entsteht, welches aber in diesem Falle tiefer eindringt, die Platten

Die Akkumulatoren. 33

durch Aufquellen der Füllmasse verbiegt und die Aufnahmefähigkeit bei der Ladung vermindert. Eine solche schlechte Zelle kann man leicht daran erkennen, daß sie bei der Ladung, während alle anderen Zellen schon starke Gasbildung haben, noch ganz wenig oder gar nicht kocht. Man erkennt dann auch die Sulfatfarbe auf den Platten. Übrigens kann auch durch Kurzschluß in der Zelle infolge herausgefallener Füllmasse oder verbogener Platten das Kochen verhindert werden. Man muß dann die Zelle heraustrennen und nach vorsichtigem Herunterstoßen des Massestückchens mit einem Holzstäbchen oder Geradebiegen der Platten besonders nachladen. Auch sulfatierte Zellen müssen herausgetrennt und besonders aufgeladen werden, und zwar sehr gründlich, also bis auf 2,75 Volt längere Zeit, wodurch allmählich das Sulfat zum Verschwinden gebracht wird und die positiven Platten wieder ihre normale rotbraune Farbe, die negativen die bleigraue annehmen. Bei der Untersuchung des Lade-

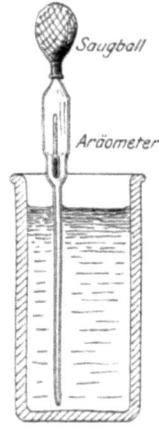

Fig. 45. Saugheber mit Aräometer.

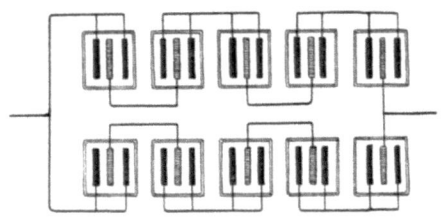

Fig. 46. Gewöhnliche aber ungeeignete Parallelschaltung.

zustandes mit dem Aräometer muß noch ein anderer Umstand berücksichtigt werden. Schwefelsäure ist schwerer als Wasser, sie sinkt deshalb langsam zu Boden, während das leichtere Wasser nach oben steigt. Es befinden sich dann die Plattenabschnitte in verschieden dichter Flüssigkeit und werden deshalb verschieden beansprucht, was zu Verbiegungen und Zerstörungen führen kann. Um zu kontrollieren, ob die Dichte der Säure gleichmäßig ist, entnimmt man an verschiedenen Stellen, also einmal oben und einmal unten mit einem Heber Flüssigkeit, die man mit dem Aräometer prüft. Sehr bequem sind für diesen Zweck solche Heber, die gleich im Innern ein Aräometer besitzen, wie Fig. 45 zeigt.

Sulfatierung oder ungleichmäßige Säuredichte ändern auch den inneren Widerstand der Zellen. Wenn man daher zwecks Vergrößerung der Stromstärke eine Batterie durch Hinzufügen einer zweiten erweitern will, darf man nicht einfach beide Batterien nach der gewöhnlichen Art Fig. 46 parallel schalten, weil dadurch ungleiche Beanspruchung der beiden Batterien und Rückströme aus einer in die andere hervorgerufen werden können. Man muß vielmehr die Zellen alle einzeln, wie Fig. 47 zeigt, miteinander parallel schalten.

Die Aufnahmefähigkeit oder Kapazität einer Zelle hängt von der Größe der Plattenoberfläche ab. Man gibt die Kapazität in Amperestunden an. Hat ein Akkumulator eine Kapazität von 80 Amperestunden und ist die höchste Stromstärke 20 Ampere, so ist er in $\frac{80}{20} = 4$ Stunden entladen, wenn er dauernd mit 20 Ampere beansprucht wird. Entnimmt man weniger Strom, so hält die Ladung entsprechend länger vor; bei dem halben Strom, also 10 Ampere, würde der Akkumulator erst in 8 Stunden entladen sein.

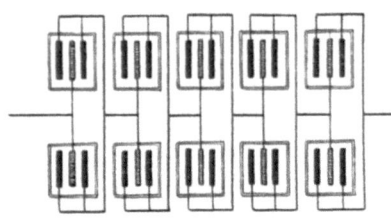

Fig. 47. Richtige Parallelschaltung der einzelnen Zellen.

Jedoch darf eine Batterie, welche gut ausgenutzt werden soll, nicht zu lange Zeiträume zwischen Ladung und Entladung aufweisen, vor allen Dingen darf sie nicht lange im entladenen Zustand stehen, weil sie dann leicht sulfatiert. Am besten ist es, wenn sie, wie es in Anlagen mit Akkumulatoren und Maschinenbetrieb für Licht- und Kraftzwecke auch gewöhnlich der Fall ist, regelmäßig täglich geladen wird. Bei vorwiegendem Lichtbetrieb würde allerdings im Sommer dann eine viel kürzere Ladezeit nötig sein, weil die Batterie dann nicht so stark entladen wird als im Winter. Es kann dann auch die Ladung erst alle paar Tage stattfinden.

VI. Hilfsapparate für den Akkumulatorenbetrieb. Zellenschalter.

Wegen der veränderlichen Spannung der Zellen sind in Anlagen, in denen die Spannung wegen der angeschlossenen Lampen konstant gehalten werden muß, Zellenschalter erforderlich. Für eine Anlage mit 110 Volt Spannung muß man, da die Zellen bis 1,7 Volt entladen werden, eine Batterie mit $\frac{110}{1,7} = 65$ Zellen haben, zur Sicherheit nimmt man noch einige Zellen mehr. Ist die Batterie

Hilfsapparate für den Akkumulatorenbetrieb. Zellenschalter. 35

frisch geladen, so braucht man, da dann jede Zelle 2 Volt hat, nur $\frac{110}{2} = 55$ Zellen. Man muß deshalb einen Zellenschalter benutzen, mit dem man die Anzahl der Zellen so ändern kann, daß die Spannung immer 110 Volt beträgt.. Die Zellenschalter sind in den kleineren Formen rund, mit Drehkurbel, in größeren Formen gerade, mit Schraubenspindel ausgeführt. Die einfachste Form eines runden Zellenschalters, welche allerdings, wie sogleich gezeigt wird, praktisch nicht benutzt werden darf, zeigt Fig. 48. Dort sind die Zellen *1—6* an den Zellenschalter gelegt, es sind die sogenannten Schaltzellen, Z ist der Hebel des Zellenschalters, der dann bei frisch geladener Batterie auf den Kontakt g gestellt würde, dann ist die geringste Zahl Zellen eingeschaltet, in einer 110 Volt-Anlage, also 55, wie schon gesagt war. Allmählich, wenn die Spannung an den Lampen im Netz sinkt, dreht man die Kurbel auf f und schaltet Zelle *6* hinzu, darauf wird nach einiger Zeit durch Drehen der Kurbel auf *e* Zelle *5* auch mit eingeschaltet usf., bis schließlich am Ende der Entladung die Kurbel auf *a* steht und alle Zellen der Batterie eingeschaltet sind. Der

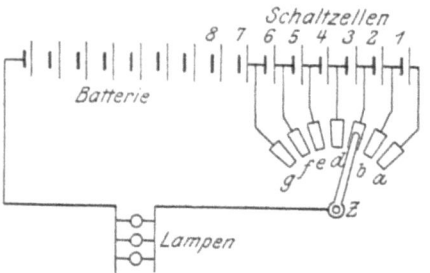

Fig. 48. Einfacher Zellenschalter.

Zellenschalter wird nun aber nicht nur bei der Entladung, sondern auch bei der Ladung notwendig. Die letzte Zelle *1* ist ja nur ganz kurze Zeit eingeschaltet und deshalb schneller geladen, als die übrigen; Zelle *2* ist ebenfalls noch schneller geladen, ebenso Zelle *3*, je weiter aber die Zellen nach *7* hin liegen, um so länger waren sie bei der Entladung eingeschaltet und um so länger müssen sie auch im Vergleich zu Zelle *1* geladen werden. Zu Anfang der Ladung würde also der Zellenschalter auf *a* stehen, zu Ende auf *g*.

Wie schon erwähnt wurde, darf man aber die Zellenschalter nicht so einfach ausführen wie in Fig. 48 angegeben. Der Zellenschalter muß so eingerichtet sein, daß beim Drehen der Kurbel von einem Kontakt auf den anderen das Licht nicht zuckt, es darf also der Strom dabei nicht unterbrochen werden, wogegen man ja einfach die Kontakte *a*, *b*, *c* usw. in Fig. 48 so dicht zusammensetzen könnte, daß die Schleiffeder der Kurbel breiter ist, als der Zwischenraum zwischen 2 Kontakten. Dann würde man aber, wenn die Kurbel in der Zwischenstellung steht, also 2 Kontakte, z. B. *g* und

3*

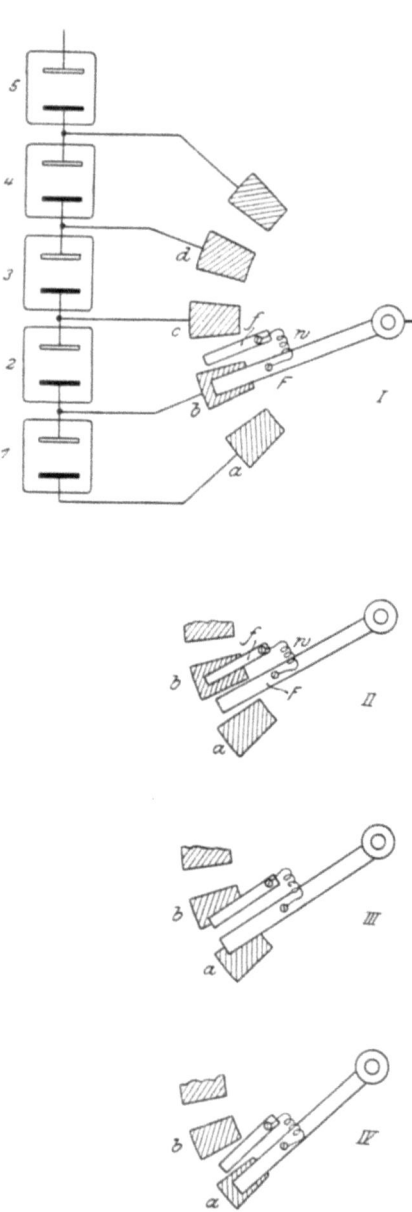

Fig. 49. Schaltung und Wirkung des Zellenschalters.

f gleichzeitig berührt, die zwischen beiden liegende Zelle, hier also 6, kurzschließen. Da die Akkumulatorzellen sehr wenig Widerstand haben, entsteht durch Kurzschluß ein sehr starker Strom, der die Platten beschädigen und auch die Schleiffeder und die Kontakte des Zellenschalters bald unbrauchbar machen würde. Man muß daher diesen Kurzschluß vermeiden, indem man den Zwischenraum zwischen je drei Kontakten breiter ausführt, als die Schleiffeder des Zellenschalters ist. In diesem Fall würde aber beim Weiterdrehen der Kurbel jedesmal das Licht im Netz dann verlöschen, wenn die Kurbel zwischen zwei Kontakten steht, weil dann der Strom ausgeschaltet ist. Damit auch dieses nicht eintritt, führt man den Zellenschalter nach Fig. 49 aus. Die Kurbel des Zellenschalters besitzt zwei Schleiffedern, eine breite F und eine kleine f, welche nach Fig. 50 so an der Kurbel befestigt sind, daß die kleine Feder f von der großen F isoliert ist und nur durch einen kleinen spiraligen Widerstandsdraht w mit ihr verbunden ist. Aus Fig. 49

Hilfsapparate für den Akkumulatorenbetrieb. Zellenschalter. 37

erkennt man, daß die Kontakte a, b, c, d so weit voneinander entfernt liegen, daß die Schleiffeder F schmaler ist als der Kontaktzwischenraum (siehe Stellung II), es kann also der Zellenkurzschluß nicht eintreten. Damit aber der Strom nicht unterbrochen wird und das Licht zuckt, hat man die kleine Schleiffeder f isoliert neben die große gesetzt und beide durch den kleinen Widerstand w verbunden. Will man in Fig. 49 die Zelle 1 noch hinzuschalten, so durchläuft man die Stellungen I, II, III, IV. Bei II fließt der Strom aus der Batterie durch die Hülfsfeder f und den kleinen Widerstand w, der so gering ist, daß er der hohen Batteriespannung gegenüber keine Rolle spielt. Bei III ist Zelle *1* für einen kurzen Augenblick auf den kleinen Widerstand w geschaltet. Gegenüber der kleinen Spannung einer einzelnen Zelle ist aber dieser Widerstand genügend groß, um zu starke Ströme zu verhindern. In Stellung IV ist dann Zelle *1* richtig mit eingeschaltet.

Größere Zellenschalter sind mit Schraubenspindel nach Fig. 51 ausgeführt. Auch hier ist eine Doppelfeder und der kleine Widerstand vorhanden. Die Kontakte sind in gerader Linie angeordnet. Will man während der Ladung auch gleichzeitig Licht

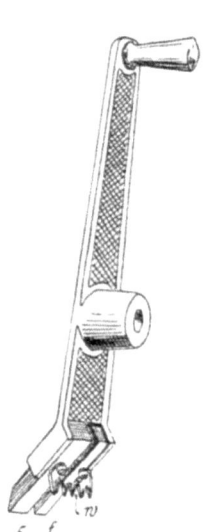
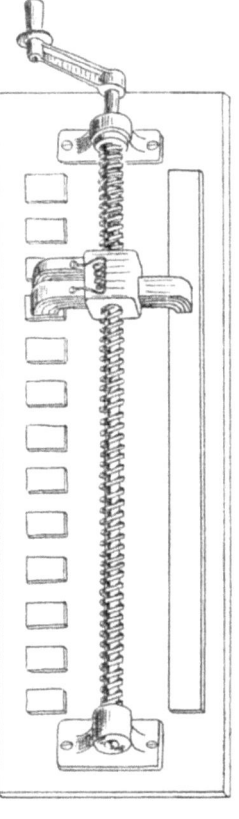

Fig. 50. Kurbel eines Zellenschalters.

Fig. 51. Spindelzellenschalter.

brennen, so muß man einen Doppelzellenschalter anwenden. Nehmen wir an, in einer 110 Volt-Anlage mit 65 Zellen wird mit der Ladung angefangen. Es sind dann alle 65 Zellen eingeschaltet und erhalten ihren Ladestrom aus der Maschine, welche dann, da die Ladespannung zu Anfang 2,1 Volt pro Zelle beträgt, mit 2,1 . 65 = 137 Volt arbeiten muß. Für die Lampen im Netz sind aber nur 110 Volt nötig und die Zellenzahl dafür beträgt $\frac{110}{2{,}1} = 53$. Am Ende der Ladung sind 2,5 Volt an jeder Zelle wirksam, es sind dann also nur $\frac{110}{2{,}5} = 44$ Zellen für die Lampen erforderlich. Man würde also einen solchen Doppelzellenschalter so einrichten, daß die Zahl der Zellen, welche an das Netz der Stromlieferung angeschlossen sind, von 44 am Ende der Ladung bis auf $\frac{110}{1{,}7} = 65$ geändert werden kann. Man müßte also einen Zellenschalter mit $65 - 55 = 10$ Schaltzellen für die Ladung und einen zweiten mit $65 - 44 = 21$ für die Stromlieferung während der Ladung und bei der Entladung haben. Man kann aber beide Schalter in einen vereinigen, den man nach Fig. 52 mit 2 Kurbeln versieht, von denen die eine (L) zur Ladung, die andere (E) zur Entladung und Stromlieferung während der Ladung benutzt wird. Derselbe würde in einer Anlage mit 110 Volt 21 Kontakte erhalten müssen. Während des normalen Betriebes steht der Ladehebel dem Entladehebel immer um einige Kontakte voraus, so daß an den letzteren immer die kleinere Zahl Zellen angeschlossen ist. Es muß aber der Zellenschalter so konstruiert sein, daß beide Hebel auf den gleichen Kontakt gestellt werden können, weil man sonst nicht ohne unangenehme Lichtschwankungen vom Maschinenbetriebe zur Ladung oder von dieser zum Parallelbetrieb übergehen kann. Es darf aber der Entladehebel nicht über die Stellung des Ladehebels hinausgeschoben werden können, so daß an ihn mehr Zellen angeschlossen sind als an den Ladehebel, weshalb die Konstruktion der Kurbeln häufig so ausgeführt ist, daß man das vorerwähnte Überdrehen nicht machen kann. In Fig. 52 stößt deshalb die Kurbel vom Entladehebel E in die Aussparung a des Ladehebels L, und damit man ihn unter den Entladehebel auf denselben Kontakt schieben kann, ist der kleine Widerstand dieses Hebels seitlich an der Kurbel befestigt. Der Zwischenraum zwischen den einzelnen Kontakten wird entweder durch blinde Metallstücke oder auch Glasstücke ausgefüllt, die mit den Schaltkontakten gleiche Höhe

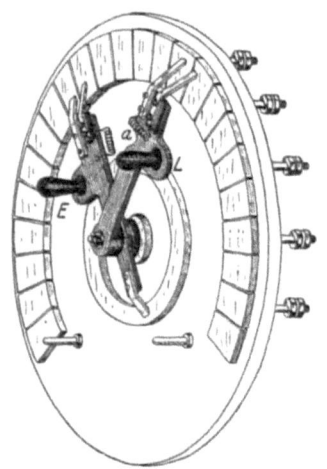

Fig. 52. Doppelzellenschalter.

Hilfsapparate für den Akkumulatorenbetrieb. Zellenschalter. 39

haben, damit die Kontaktfedern in den Zwischenstellungen nicht zu tief herunterfedern.

Unangenehm sind bei den Zellenschaltern die vielen Zellenschalterleitungen. Der Zellenschalter selbst muß ja auf der Schalttafel montiert sein und die Leitungen von den Kontakten nach den Zellen müssen deshalb von der Schalttafel aus in den Batterieraum geführt werden. Es ist also sehr viel Kupfer dafür nötig, obgleich man nach Möglichkeit die Batterie gewöhnlich neben dem Maschinen- oder Schaltraum unterbringt. Für größere Anlagen, wo wegen der hohen Stromstärke die Zellenschalterleitungen beträchtliche Querschnitte erhalten können, führt man deshalb sogenannte leitungssparende Schaltungen aus. In Fig. 53 ist eine derartige Schaltung der Siemens-Schuckert-Werke gezeichnet. Es wird eine Hilfszelle H benutzt und nur nach jeder zweiten Zelle eine Leitung zum Zellenschalter geführt. Man braucht dann nur halb so viel Kontakte

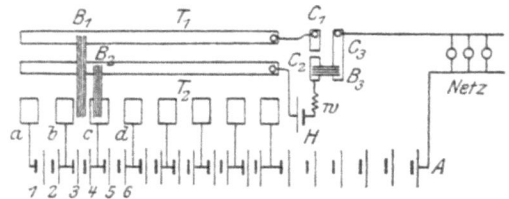

Fig. 53. Leitungssparende Schaltung bei Einfachzellenschalter (Siemens-Schuckert-Werke).

a, b, c usw. und halb so viel Zellenschalterleitungen. Bei der gezeichneten Stellung der Bürsten in Fig. 53 ist die Batterie von A bis zur Zelle 6 und 5 sowie die Hilfszelle H durch die Bürste B_2, die Schiene T_2, den Kontakt C_2, die Bürste B_3 und den Kontakt C_3 eingeschaltet. Soll die Zellenzahl vermehrt werden, so dreht man zunächst die Bürste B_1 aus der Zwischenstellung auf den Kontakt b, dadurch werden aber gleich 2 Zellen, nämlich 4 und 3, hinzugeschaltet, so daß die Spannung nicht um 2, sondern um 4 Volt steigen würde, wenn nicht gleichzeitig die Bürste B_3 von C_2 auf C_1 bewegt würde, was selbsttätig erfolgt. Es sind dann zwar die beiden Zellen 4 und 3 neu hinzu gekommen, aber die Hilfszelle H ist abgetrennt, so daß die Zellenzahl im ganzen doch nur um eine vermehrt ist. Muß dann die Zellenzahl wieder vermehrt werden, so dreht man B_1 in die Zwischenstellung von a und b, dann stellt sich B_2 auf Kontakt b und B_3 wird wieder selbsttätig auf C_2 bewegt, so daß jetzt die Hilfszelle H wieder mit eingeschaltet ist. Damit dann, wenn B_1 und B_2 jede auf einem Kontakt stehen und B_3 den Spalt zwischen C_2 und C_1 überbrückt, die zwischen den

Kontakten liegenden Zellen nicht kurzgeschlossen werden, ist der kleine Widerstand w angeordnet.

Nullstrom- und Überstromausschalter sowie selbsttätige Meldeeinrichtungen.

In jeder Akkumulatorenanlage sind sogenannte Nullstromschalter notwendig, welche die Maschine abschalten, wenn an dieser die Spannung zurückgeht. Bei der Ladung und auch wenn Maschine und Batterie zusammen aufs Netz arbeiten, kann bei zu niedriger Maschinenspannung Strom aus der Batterie in die Maschine fließen und diese als Motor antreiben, was natürlich eine zwecklose Beanspruchung der Batterie ist. Man schützt die Batterie durch einen Nullstromschalter wie Fig. 54 zeigt. Es ist dort eine Akkumulatorenbatterie mit einer Maschine verbunden und der Ladestrom aus der Maschine hat die Richtung der Pfeile 1. Wenn nun aus irgend einem Grund, z. B. Riemenrutschen, Riemenabfliegen, Überlastung oder Defekt am Antriebsmotor der Dynamo, deren Spannung sinkt, so wird zunächst der Strom zurückgehen, dann einen Augenblick

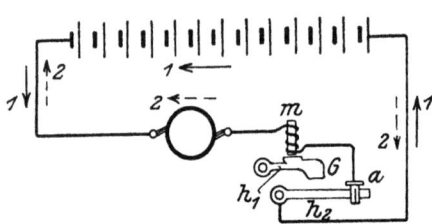

Fig. 54. Nullstromschalter.

Null sein und darauf umgekehrt aus der Batterie heraus in der Richtung 2 durch die Maschine fließen. Bei Anwendung des Nullstromschalters kommt es aber nicht zum umgekehrten Strom 2, denn sobald der Strom 1 genügend schwach geworden ist, also schon ehe der Augenblick der Stromlosigkeit eintritt, läßt der Magnet m den Hebel h_1, den er nur bei genügend starkem Strom festhalten kann, herunter fallen und das schwere Gewicht G schlägt dabei den Hebelschalter h_2 aus dem Kontakt a heraus und schaltet aus. Es muß dieses Ausschalten schon immer etwas vor dem Augenblick eintreten, ehe der Strom ganz zu Null geworden ist, denn wenn dann der Magnet nicht im gleichen Moment losläßt, erhält er im nächsten Augenblick womöglich schon den Rückstrom 2 aus der Batterie und hält natürlich, da sein Festhalten nicht von der Richtung des Stromes abhängt, dann den Hebel h_1 wieder fest. Beim Einschalten der Maschine, wo zuerst noch kein Strom vorhanden ist, muß man den Nullstromschalter so lange mit der Hand festhalten, bis der Strom stark genug geworden ist.

Hilfsapparate für den Akkumulatorenbetrieb. Zellenschalter. 41

Eine praktische Ausführung eines Nullstromschalters zeigt Fig. 55. Sinkt die Stromstärke unter einen bestimmten Wert, so läßt der Magnet M den Anker a los und der eiserne Griffhebel, der bei G besonders beschwert ist, klappt nach unten. Dabei spannen sich zuerst die Federn F, bis der Anschlag c des Griffhebels gegen den Fortsatz d des Schaltmessers stößt und das Schaltmesser aus dem Kontakt herausschlägt. Für plötzliches Herausschnappen sorgen die vorher gespannten Federn, die ebenso wirken, wie bei den bekannten Momenthebelschaltern. Selbstverständlich gibt es eine große Anzahl Nullstromausschalter, alle sind aber nach dem beschriebenen Prinzip ausgeführt. In ganz alten Anlagen findet man wohl auch noch Nullstromschalter mit Quecksilberkontakten. Heute werden solche Schalter nicht mehr ausgeführt.

Die Überstromschalter, welche vor zu starkem Strom schützen und mitunter in Akkumulatorenanlagen oder für Maschinen besser sind als Sicherungen, weil sie schneller ausschalten und sehr einfach wieder eingeschaltet werden können, sind mit einem Auslösemagnet M_1 nach

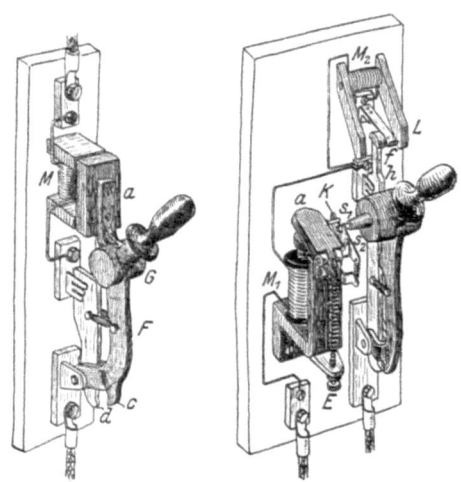

Fig. 55.
Nullstromausschalter.

Fig. 56.
Überstromschalter.

Fig. 56 versehen. Bei dem normalen Strom kann dieser Magnet den Anker a nicht anziehen, weil die bei E einzustellende Feder zu stark ist. Erst wenn der Strom die zulässige Höhe überschreitet, wird der Anker a angezogen und drückt mit seinem Stift s_1 den Hebel K herunter, in dessen Aussparung der eiserne Griffhebel mit dem Stift s_2 festgehalten wurde. Durch Herunterdrücken des Hebels K klappt der beschwerte Griffhebel nach unten und schlägt in derselben Weise, wie in Fig. 55, den Schalthebel heraus. Während ein Nullstromschalter immer nur bei ganz schwachem Strom ausschaltet, wirkt der Überstromschalter gerade bei sehr starkem Strom und muß Schutzvorrichtungen gegen den beim Ausschalten entstehenden Lichtbogen erhalten. Einmal besitzt er schon einen Schutz nach dieser Hinsicht in der Momentausschaltung, der aber allein noch nicht genügend wirksam ist. Der Schalter in Fig. 56 hat deshalb noch einen Hilfskontakt und einen Funkenbläser. Der Hilfskontakt besteht aus einem Fortsatz h des Schalthebels und einer Kontaktfeder f. Beide kommen kurz bevor das Schaltmesser den Hauptkontakt verläßt, zur Berührung und bleiben noch einen Augenblick zusammen, wenn das Schaltmesser schon ausschaltet. Sie nehmen deshalb den Strom auf und unterbrechen ihn zwischen sich, so daß der Hauptkontakt ganz stromlos geöffnet wird und der Lichtbogen zwischen den Hilfskontakten entsteht. Der Lichtbogen wird aber durch den Funkenbläser M_2 stark abgeschwächt, denn sobald das Schaltmesser aus dem Hauptkontakt heraus ist, fließt der Strom durch die Wickelung von M_2 und zwischen den eisernen Polfortsätzen L entsteht ein magnetisches Feld, durch welches der Lichtbogen fast augenblicklich in seinem Entstehen ausgeblasen wird. Damit man die Stromstärke, bei welcher der Schalter wirken soll, einstellen kann, läßt sich die Spannung der Feder, die den Anker a abzieht, bei E ändern.

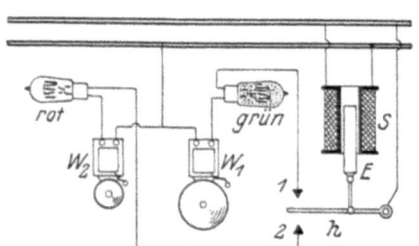

Fig. 57. Spannungsmelder.

In kleinen Anlagen muß mitunter der Maschinist auch noch andere Arbeiten besorgen, da ist es dann zweckmäßig, wenn ein Spannungsmelder verwendet wird, der nach Fig. 57 geschaltet wird. Er besteht aus einer Spule S, zwei verschieden gefärbten Lampen und zwei verschieden tönenden Glocken W_1 und W_2. Bei normaler Spannung hält die Spule S den Eisenkern E so weit in sich eingesogen, daß der mit ihr verbundene Hebel h gerade mitten zwischen den Kontakten 1 und 2 steht. Wird die Spannung zu hoch, so zieht die Spule S den Kern E höher in sich hinein und der Hebel h wird gegen den Kontakt 1 gezogen, die grüne Lampe leuchtet auf und der große Wecker W_1 ertönt. Bei zu niedriger Spannung legt sich der Hebel h gegen Kontakt 2, es leuchtet die rote Lampe und der kleine Wecker ertönt.

Umschalter und Reihenschalter für Akkumulatoren.

In einer Anlage mit Maschinen und Akkumulatoren sind immer Umschalter erforderlich, um die Maschine von Ladung auf Netz oder die Akkumulatoren umschalten zu können. Eine einfache Form (Allgem. Elektr.-Gesellschaft) zeigt Fig. 58. Je nachdem, ob er nach oben oder unten herumgelegt ist, ist der eine oder der andere Stromkreis eingeschaltet. Der Umschalter in Fig. 58 ist mit Unterbrechung, d. h. beim Umschalten wird kurze Zeit, solange die Kontakte frei sind, der Strom unterbrochen. Dasselbe ist der Fall

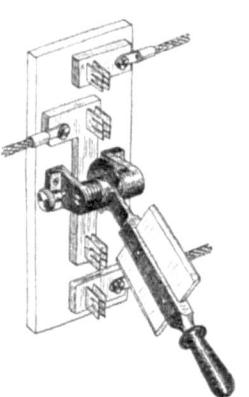

Fig. 58. Einfacher Hebelumschalter.

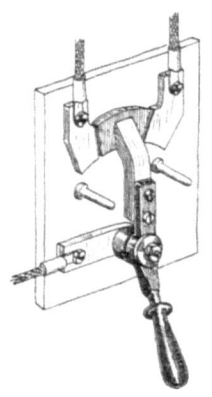

Fig. 59. Einfacher Drehumschalter.

Fig. 60. Drehumschalter ohne Unterbrechung.

bei dem drehbaren Umschalter nach Fig. 59. In manchen Fällen ist aber eine Unterbrechung des Stromes während des Umschaltens nicht zulässig, dann verwendet man Umschalter ohne Unterbrechung, wie denjenigen von der Akkumulatorenfabrik A.-G. Hagen hergestellten in Fig. 60. Bei diesem Umschalter, der ebenso wie der in Fig. 59 drehbar und mit Schleiffeder ausgeführt ist, stehen die Kontakte so eng zusammen, daß in der Zwischenstellung die Feder den Zwischenraum überbrückt. In solchen Fällen, wo die Umschaltung ohne Unterbrechung erfolgen darf, z. B. in Anlagen mit Doppelzellenschalter, kann man auch einfach ganz gewöhnliche Schalter nach Fig. 61 verwenden. Schaltet man *1* ein und ist *2* offen, so fließt der Strom von *a* nach *b*, öffnet man aber *1* und schließt danach *2*, so fließt der Strom von *a* nach *c*. Außerdem

Fig. 61. Umschaltung mit 2 gewöhnlichen Schaltern.

hat man, wenn, wie eben gesagt, erst *1* geöffnet und darauf *2* geschlossen wird, mit Unterbrechung umgeschaltet. Will man ohne Unterbrechung umschalten, so muß man, bevor man *1* öffnet, erst *2* schließen und danach *1* öffnen. Man kann also sowohl mit, als ohne Unterbrechung umschalten. Es ist aber doch diese Methode nur dann zweckmäßig, wenn das Umschalten ohne Unterbrechung nichts schadet. Muß mit Unterbrechung umgeschaltet werden, so nimmt man besser einen Umschalter nach Fig. 58 oder 59, weil mit diesen kein Irrtum möglich ist, wohl aber mit der Schaltung nach Fig. 61.

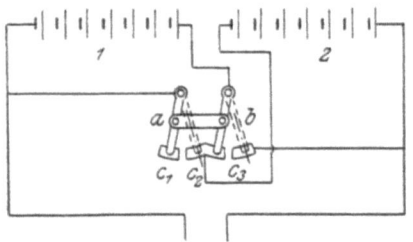

Fig. 62. Reihenschalter.

In Anlagen, in denen die Maschine nicht die erforderliche hohe Ladespannung liefern kann, schaltet man während der Ladung zuweilen die Batterie in zwei Hälften parallel, während der Entladung werden dagegen die beiden Batteriehälften wieder hintereinander geschaltet. Für solche Fälle benutzt man die sogenannten Reihenschalter. In Fig. 62 ist die Schaltung eines solchen Reihenschalters gezeichnet. Die mechanisch gekuppelten Hebel a und b schleifen auf den drei Kontakten $c_1\,c_2\,c_3$, von denen c_1 blind, d. h. nicht angeschlossen ist. Steht wie in der Fig. 62 a auf c_1, so steht b auf c_2 und die Batteriehälften 1 und 2 sind hintereinander geschaltet. Zum Parallelschalten der beiden Hälften dreht man a auf c_2, dann steht b auf c_3. Die Ausführung solcher

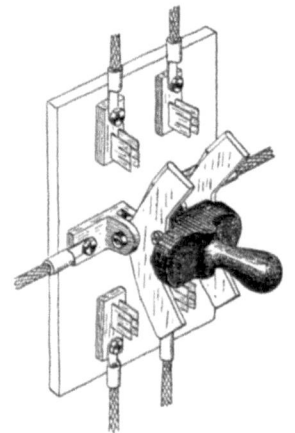

Fig. 63. Doppelpoliger Umschalter.

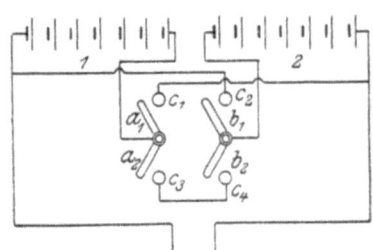

Fig. 64. Reihenschalter nach Fig. 63 in Anwendung.

Schalter erfolgt ähnlich wie die Schalter nach Fig. 59.

Man kann aber auch doppelpolige Umschalter nach Art der Fig. 58 oder nach Fig. 63 verwenden. Die Anwendung zeigt Fig. 64. Steht a_1 in c_1, so steht b_1 in c_2 und a_2 sowie b_2 sind nicht eingerückt. Es ist dann die Batteriehälfte 1 mit der Batteriehälfte 2 parallel geschaltet. Kippt man den Schalter nach der anderen Seite, so daß a_1 und b_1 ausgeschaltet, a_2 dagegen in c_3 und b_2 in c_4 eingerückt sind, so sind die beiden Batteriehälften *1* und *2* hintereinander geschaltet.

VII. Gleichstrommotoren.

Wie schon mehrfach erwähnt, kann man durch Hineinleiten von Strom in eine elektrische Maschine diese zum Umsetzen von elektrischer Energie in mechanische, d. h. als Motor verwenden. Würde man z. B. in Fig. 18 an die Stelle der Glühlampe im äußeren Stromkreis einen Akkumulator schalten und aus diesem Strom in die Drahtschleife hineinleiten, so würde die Drahtschleife sich drehen. Sie dreht sich aber in diesem Fall bei der gleichen Richtung des Stromes nach der anderen Seite, als wie sie zur Stromerzeugung

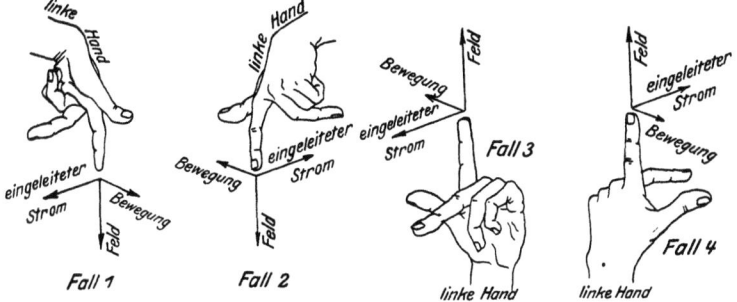

Fig. 65. Handregel für Motoren, linke Hand.

gedreht werden muß. Wenn man aus dem Magnetismus der Magnete und der Stromrichtung die Bewegungsrichtung ableiten will, kann man die Fig. 17 verwenden, nur muß man die Bewegungsrichtung umkehren. Einfacher kann man sich aber folgendes merken: für Stromerzeugungsmaschinen gilt die schon früher S. 11 und mit Fig. 17 erklärte Handregel, bei der die rechte Hand zu benutzen ist. Für Motoren gilt die Handregel für die linke Hand nach Fig. 65. Der Mittelfinger gibt die Richtung des in den Anker des Motors eingeleiteten Stromes an, der Zeigefinger die Richtung des magnetischen Feldes und der Daumen der linken Hand zeigt die Bewegungsrichtung an, die der Draht mit dem eingeleiteten Strom erfährt. Will man die Bewegungsrichtung eines Motors umkehren, so folgt aus der eben gegebenen Handregel, daß man entweder das Feld oder den eingeleiteten Strom umkehren muß. So ist in Fig. 65 Fall 1 und 2 nur der Strom verschieden gerichtet, das Feld hat beide Male gleiche Richtung, aber die Bewegung ist auch in beiden Fällen umgekehrt. In Fall 3 und 4 sind die Felder verschieden gerichtet, der Strom ist beide Male gleich gerichtet, die Bewegung erfolgt in beiden Fällen entgegengesetzt. In Fall 1 und 4 sind Feld und eingeleiteter Strom entgegengesetzt, dabei bleibt die Bewegungsrichtung dieselbe, desgleichen in Fall 2 und 3.

Hieraus ergibt sich für die Umkehrung der Drehungsrichtung eines Gleichstrommotors die Regel, entweder nur den Strom im Anker oder nur den Strom in der Magnetwickelung umzuschalten. Ein Umschalten der Zuleitungen bewirkt keine Änderung der Drehrichtung des Ankers, denn dadurch schaltet man, wie aus den Fig. 66 und 67 hervorgeht, immer den Strom in der Magnetwickelung, also das Feld, und den Ankerstrom gleichzeitig um, indem beim Anschluß der $+$ Zuleitung an die Klemme A der Strom in der Pfeilrichtung 1 durch Anker und Magnetwickelung fließt, während er in beiden Teilen umgekehrte Richtung hat, wenn man die $+$ Leitung an die Klemme B anschließt. Wenn also bei der ersten

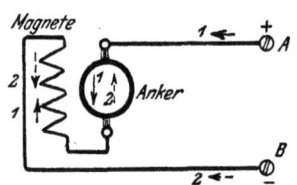 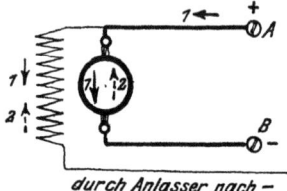

Fig. 66. Umschalten der Zuleitung kehrt nicht die Drehrichtung um (Hauptstrommotor).

Fig. 67. Umschalten der Zuleitung kehrt nicht die Drehrichtung um (Nebenschlußmotor).

Ingangsetzung ein Motor falsch herumläuft, so schaltet man den Strom in der Magnetwickelung um, indem man die in den Fig. 68, 71 und 73 mit $d_1 d_2$ bezeichneten Enden der Magnetwickelung miteinander vertauscht. Man kann natürlich auch den Strom in der Magnetwickelung ungeändert lassen und statt seiner nur den Ankerstrom umkehren. Wenn aber die Drehrichtung des Motors sonst immer dieselbe bleiben soll und er nur beim ersten Lauf falsch herumläuft, ist die Vertauschung der Magnetwickelungsenden einfacher auszuführen. Bei solchen Motoren, die dagegen häufig umgekehrt laufen müssen (Fahrstühle, Lasthebemotoren), schaltet man besser den Anker um und verwendet Wendeanlasser dazu (vergl. Fig. 69 und 75). Der Strom in der Magnetwickelung mit den vielen Windungen läßt sich nämlich nicht so rasch und auch nicht ohne Feuer umschalten, wie der Ankerstrom und da bei solchen Motoren, die bald links, bald rechts herum laufen müssen, häufig sofort nach dem Arbeiten in der einen Richtung umgeschaltet wird auf die entgegengesetzte, kommt alles auf schnelles Umschalten an.

Jeder Motor gebraucht einen Anlasser, mit dem er eingeschaltet wird, höchstens ganz kleine Motoren unter $^1/_2$ Pferdestärke können einen Anlasser entbehren. Die Notwendigkeit des Anlaßwiderstandes zeigt folgende Überlegung: Der Widerstand der Ankerwickelung einer elektrischen Maschine, gleichgültig ob Motor oder Generator, ist stets sehr klein, z. B. beträgt er für einen Motor von 10 PS für 220 Volt etwa 0,1 Ohm und die normale Stromstärke für diesen Motor würde etwa 42 Ampere betragen. Schaltet man nun an den Anker dieses Motors ohne weiteres 220 Volt an, so erhält man nach dem Ohmschen Gesetz (vergl. S. 7) einen Strom von $J = \dfrac{220}{0,1} =$ 2200 Ampere anstatt 42 Ampere, für die der Motor nur eingerichtet ist. Der Anker würde also verbrennen. Um dies zu vermeiden, schaltet man einen abgestuften Widerstand vor den Anker (vergl. Fig. 68, 71, 73, wo dieser Widerstand oder Anlasser mit W bezeichnet ist).

Die Größe des Anlassers richtet sich danach, wie der Motor anläuft. Ob er mit Vollast, Überlast, halber Last oder leer anläuft, ob schwere Massen in Gang zu setzen sind, also nach allen möglichen Umständen. Man muß deshalb der Fabrik, bei der man den Motor bestellt, immer diese näheren Umstände mitteilen.[1]) Beim Anlassen muß man vorsichtig und nicht zu schnell die Kurbel allmählich über die einzelnen Kontakte hinweg bis auf den Dauerkontakt drehen. (In Fig. 71 ist dies Kontakt 5, in den Fig. 73 und 68 ist es Kontakt 4.) Die Anzahl der Kontakte ist natürlich auch verschieden. Sie richtet sich auch nach den Anlaufsverhältnissen, ferner nach der Spannung und der Größe des Motors und wird aus den Verhältnissen genau berechnet. Da die Anlasser sehr häufig von ganz unkundigen Leuten bedient werden müssen, führt man sie mit allerlei Schutzvorrichtungen aus, z. B. gegen zu schnelles Einschalten, gegen Stehenlassen der Kurbel vor dem Dauerkontakt, wobei der Anlasser verbrennen kann, und gegen Vorkommnisse am Motor selbst. Diese Schutzvorrichtungen sollen noch besprochen werden.

Es ist nun noch zu erklären, warum der laufende Motor, der doch auch geringen Widerstand hat, nicht mehr zu viel Strom erhält. Es liegt das daran, daß im Anker des laufenden Motors eine elektromotorische Kraft erzeugt wird, die entgegengesetzt gerichtet ist als die zugeführte Spannung. Im stillstehenden Motor ist sie nicht vorhanden, deshalb erhält man ohne Anlasser zu starken Strom.

---

[1]) Über die Berechnung der Anlasser belehrt das kleine Buch des Verfassers: „Anlasser und Regler", 2. Auflage, von R. Krause. Verlag von Julius Springer, Berlin.

Man kann sich sehr leicht die Größe dieser elektromotorischen Kraft im Anker eines Motors ausrechnen. Nehmen wir wieder den Motor mit 0,1 Ohm Ankerwiderstand für 220 Volt und 42 Ampere. Wenn durch einen Widerstand von 0,1 Ohm ein Strom von 42 Ampere fließen soll, so muß nach dem Ohmschen Gesetz eine Spannung wirksam sein von $e = J \cdot w = 42 \cdot 0{,}1 = 4{,}2$ Volt. Dem Anker werden aber 220 Volt zugeführt, also $220 - 4{,}2 = 215{,}8$ Volt zu viel. Diese 215,8 Volt werden in der Ankerwickelung dadurch als elektromotorische Kraft induziert, daß die Drähte sich vor den Magneten vorbei bewegen. Es wird also im Motoranker ebenso eine elektromotorische Kraft induziert wie im Generatoranker, nur ist sie im Generatoranker größer als die Klemmenspannung und erzeugt deshalb den Strom, der daher mit ihr gleiche Richtung hat. Im Motoranker dagegen ist die erzeugte elektromotorische Kraft kleiner als die Klemmenspannung und entgegengesetzt gerichtet wie diese. Der Strom entsteht durch den Überschuß an Spannung, um den die Klemmenspannung größer ist als die erzeugte elektromotorische Kraft. Es muß aber stets bei einem Motor mehr Spannung zugeführt werden, als zur Erzeugung des Stromes nötig ist. Im vorigen Beispiel waren 4,2 Volt zur Erzeugung von 42 Ampere bei dem Widerstand von 0,1 Ohm des Motors nötig. Würde man nur diese 4,2 Volt zuführen, so würde der Anker wohl von 42 Ampere durchflossen werden, aber er könnte sich noch nicht drehen. Wenn es ein Lasthebemotor wäre, könnte z. B. die Last am Haken hängen ohne Bremse, sie würde nicht heruntersinken, aber auch nicht gehoben werden. Wenn dies eintreten soll, also der Motor sich auch drehen soll, so muß er eine höhere Spannung zugeführt bekommen, als er für den Strom braucht. Da er dies Mehr an Spannung in Drehung umsetzt, so ergibt sich, was ja auch bekannt ist, daß ein Motor um so schneller läuft, je höhere Spannung man ihm zuführt. Gewöhnlich kann man diese Methode der Tourenregelung nicht gut anwenden, sie wäre möglich durch Vorschalten von Widerstand vor den Anker und wird auch bei ganz kleinen Motoren, z. B. Ventilationsmotoren, zuweilen angewendet. Für größere Methoden ist sie aber eine bedeutende Energieverschwendung, indem der Verbrauchszähler die zugeführte Energie zählt, der Motor aber davon nur einen Teil erhält, also man muß, weil man einen Teil der zugeführten Energie im Vorschaltwiderstand in Wärme umsetzt, den vollen Energieverbrauch an das Elektrizitätswerk zahlen, während der Motor weniger leistet. Man reguliert daher die Touren fast immer durch Ändern des Magnetismus. Diese Tourenregelung ist folgendermaßen zu erklären: Wie vorhin gezeigt wurde, muß der Motoranker in dem berechneten Beispiel 215,8 Volt elektromotorische Kraft durch seine

Drehung erzeugen. Dies geschieht dadurch, daß sich die Ankerdrähte vor den Magnetpolen vorbei drehen. Wenn der Magnetismus der Pole stark ist, wird schon bei kleineren Umdrehungszahlen die erforderliche elektromotorische Kraft erzeugt, wenn aber der Magnetismus schwach ist, muß der Anker sich schneller drehen. Man kann also durch Ändern des Magnetstromes die Umdrehungszahl des Motors derartig beeinflussen, daß bei schwachem Magnetstrom, also auch schwachem Magnetismus, die Maschine schnell läuft, bei starkem Magnetstrom und demnach starkem Magnetismus läuft sie langsam. Wie diese Methode der Tourenregelung bei den einzelnen Motorenarten durchgeführt wird, zeigen die folgenden Zeilen.

Der Hauptstrommotor.

Wie die Generatoren, so sind auch die Motoren verschieden geschaltet. Man unterscheidet auch bei den Motoren Hauptstrom-

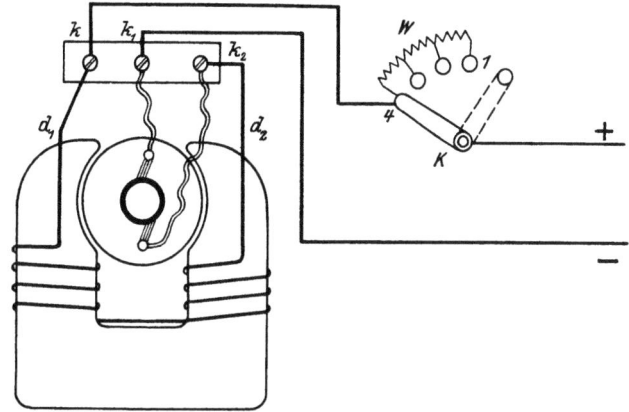

Fig. 68. Hauptstrommotor mit Anlasser.

und Nebenschlußmotoren, dagegen sind Motoren mit gemischter Schaltung betriebsmäßig nicht in Anwendung, sie werden zwar beim Anlaufen gemischt geschaltet, im Betrieb sind sie doch Nebenschlußmotoren.

Am einfachsten ist die Schaltung des Hauptstrommotors. Fig. 68 zeigt denselben mit dem Anlasser W. Zum Anlassen dreht man die Kurbel K aus der gezeichneten gestrichelten Stellung langsam, d. h. für kleine Motoren in etwa 15 Sekunden, für größere in 20 bis 30 Sekunden, über die Kontakte 1 bis 4 hinweg und läßt dann die Kurbel auf dem Dauerkontakt 4 (in anderen Fällen ist es auch eine andere Kontaktzahl als 4) stehen, wobei der Motor normal läuft.

Soll die Drehrichtung des Motors eine andere sein, als sie beim ersten Anlaufen ist, so braucht man nur die beiden Magnetdrähte d_1 und d_2 zu vertauschen. Für Fälle, in denen die Drehrichtung häufig umgekehrt werden muß, braucht man Wendeanlasser, mit denen man, wie schon gesagt wurde (vgl. Seite 46), den Ankerstrom umkehrt. In Fig. 69 ist eine Schaltung gezeichnet, wie sie den Ausführungen der Firma Klöckner in Köln a. Rh. entspricht. Die dreiteilige Kurbel steht mit der Schleiffeder F_1 während des Betriebes entweder auf a oder auf b. Dementsprechend läuft der Motor entweder links oder rechts herum. Es sei die Kurbel mit der Feder F_1 auf a gestellt, dann ist der Stromlauf folgender: $+$, Schiene 1, Feder F_2, Feder F_1, a, b, II, Anker, I, Schiene 3, Feder F_3, Schiene 2, Magnete, $-$. Verfolgt man den Stromlauf, wenn die Kurbel nach rechts gedreht ist, F_1 also auf b steht, dann erkennt man, daß die Stromrichtung im Anker umgekehrt, in der Magnetwickelung aber noch dieselbe wie vorhin ist, nämlich: $+$, Schiene 1, Feder F_3, Schiene 3, I, Anker, II, b, Feder F_1, Feder F_2, Schiene 2, Magnete, $-$. Die drei Federn F_1, F_2, F_3 sind von der Kurbel isoliert. Man kann auch F_1 und F_2 unisoliert auf die Kurbel setzen, welche dann als Verbindung zwischen diesen beiden Federn dient, die Feder F_3 muß aber immer isoliert aufgesetzt werden.

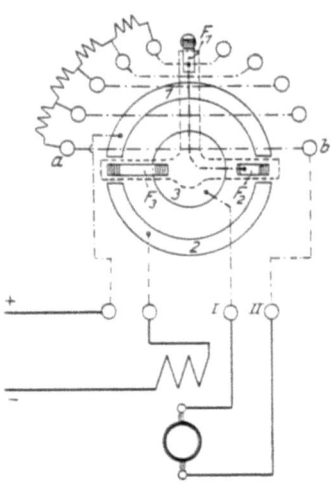

Fig. 69. Wendeanlasser für Hauptstrommotoren.

Im Betrieb verhält sich der Hauptstrommotor folgendermaßen: Die Stärke des Magnetfeldes hängt von der Belastung ab, da aus Fig. 68 zu erkennen ist, daß Anker und Magnetwickelung hintereinander geschaltet sind. Ist der Motor stark belastet, so daß starker Strom durch ihn hindurchfließt, dann ist auch sein Magnetismus stark und er braucht nur langsam zu laufen, um die erforderliche elektromotorische Kraft zu erzeugen. Wenn dagegen der Motor schwach belastet ist, so ist sein Magnetismus auch schwach und der Anker muß schnell laufen, um die erforderliche elektromotorische Kraft induziert zu erhalten. Der Hauptstrommotor läuft also bei starker Belastung langsam und bei schwacher schnell. Ist er gar nicht belastet, so nimmt seine Umdrehungszahl einen derartig hohen Wert an, daß sie die Ankerwickelung gefährdet. Es können dann die Drähte aus den Nuten herausgeschleudert, die Wickelköpfe verbogen und die Drahtbandagen zerrissen werden. Wegen dieses Durchgehens bei Leerlauf muß der Motor mit Schutzvorrichtungen versehen werden, oder nur in solchen Fällen benutzt werden, wo ein vollständiger Leergang nicht möglich ist. Die einfachste Schutzvorrichtung gegen das Durchgehen bei Leerlauf ist ein Schwungkugelregler, der auf die Achse des Motors gesetzt wird und bei zu hoher Umlaufszahl den Strom ausschaltet.

Aus seinem Verhalten im Betrieb ergibt sich das Verwendungsgebiet für den Hauptstrommotor. Er wird entweder zum Antrieb solcher Arbeitsmaschinen benutzt, deren Belastung sich gar nicht ändert, wie Pumpen und Ventilatoren, oder als Motor zum Heben von Lasten und als Straßenbahnmotor. Beim Antrieb von Pumpen empfiehlt sich der erwähnte Schwungkugelregler, weil dort Leerlauf eintreten kann, wenn die Wassersäule im Saugrohr der Pumpe zerreißt oder der Wasserspiegel zu tief sinkt. In den anderen Fällen kann Leerlauf nicht eintreten. Auch dann nicht, wenn am Haken der Lasthebevorrichtung, die der Motor antreibt, gar keine Last hängt, weil dann immer die Reibung der Übersetzungsräder, Zahnräder, Schnecken usw.

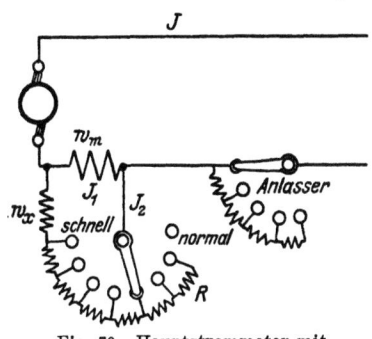

Fig. 70. Hauptstrommotor mit Geschwindigkeitsregler R.

noch so viel Arbeit erfordert, daß der Motor nicht durchgeht. Er paßt sich allerdings beim Lastheben und als Fahrzeugmotor mit seiner Umlaufszahl sehr zweckmäßig an die Belastung an, indem er als Hubmotor den leeren Kranhaken schnell bewegt und die schwere Last langsam hebt. Beim Straßenbahnwagen läuft er beim Anfahren, wo große Zugkraft gebraucht wird, langsam an, während der in Gang befindliche Wagen, der dann nur wenig Arbeit verbraucht, schnell befördert wird.

Soll die Umlaufszahl des Motors verändert werden können, was nur bei Pumpen- oder Ventilatorenantrieb vorkommen kann, so schaltet man nach Fig. 70 einen Widerstand R parallel zur Magnetwickelung w_m. Steht die Kurbel des Reglers R auf normal, wo R ausgeschaltet ist, so macht der Motor seine gewöhnliche Umlaufszahl. Soll er schneller laufen, so dreht man die Kurbel von R weiter nach links. Dann wird der Strom J, der durch den

Anker fließt, sich verzweigen, weil ein Teil J_2 durch den Widerstand R abgeleitet wird, so daß ein geringerer Strom als vorher der ganze Strom J, nämlich $J - J_2 = J_1$ durch die Magnetwickelung w_m fließt und der Magnetismus schwächer wird, so daß der Motor schneller läuft, wie schon vorher erklärt wurde. Wie in Fig. 70 gezeichnet ist, kann man den Widerstand R nicht vollkommen kurzschließen, wenn die Kurbel auf dem letzten Kontakt links, der mit „schnell" bezeichnet ist, steht, also der Motor die höchste Umlaufszahl hat, so ist noch ein unausschaltbarer Widerstand w_x eingeschaltet. Das ist nötig, weil ohne w_x die Magnetwickelung durch die Kurbel von R kurzgeschlossen würde, so daß dann fast gar kein Strom mehr durch die Magnetwickelung fließen würde. Dabei würde der Motor, weil er auch fast gar keinen Magnetismus mehr hätte, eine solch hohe Umdrehungszahl machen müssen, um bei dem schwachen Feld die erforderliche elektromotorische Kraft in seinem Anker zu erzeugen, daß er wieder beschädigt würde, er würde auch durchgehen, wie jeder Gleichstrommotor, wenn sein Feld zu stark geschwächt wird.

Der Nebenschlußmotor.

Die zweite Art von Gleichstrommotoren, die in der Praxis benutzt werden, sind die Nebenschlußmotoren. Die einfache Schaltung

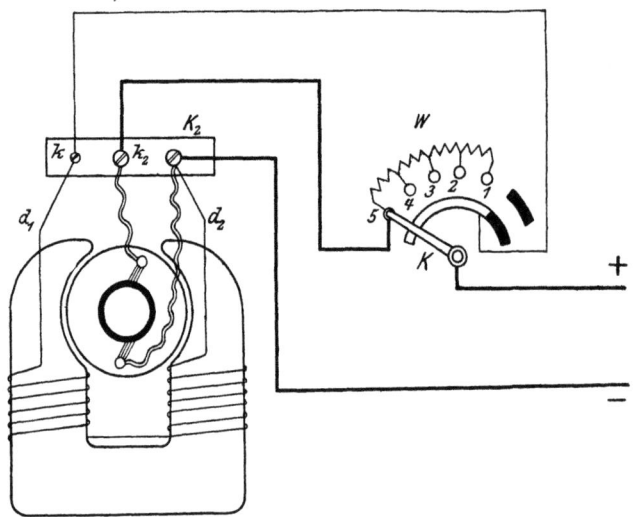

Fig. 71. Nebenschlußmotor mit Anlasser in älterer Form.

eines Nebenschlußmotors mit Anlasser ohne Schutzvorrichtung, wie sie heute fast gar nicht mehr angewendet werden, zeigt Fig. 71.

Steht die Kurbel K vor dem Kontakt *1* auf den schwarzen Schienen, so ist ausgeschaltet. Will man den Motor anlassen, so dreht man die Kurbel langsam vom Kontakt *1* bis auf den letzten Kontakt, hier *5*. Dabei gelangt die Kurbel zuerst, noch ehe sie den Kontakt *1* berührt, auf die gebogene Schiene unter den Kontakten, so daß ein Strom von + durch die Schiene nach Klemme k, durch die Magnetwickelung hindurch nach K_2 und — fließen kann; es werden also die Magnete sogleich voll erregt. Kommt dann die Kurbel auf Kontakt *1*, so fließt von + ein zweiter Strom durch die Kurbel nach *1*, durch den ganzen Widerstand W bis nach *5*, nach k_2, durch den Anker nach K_2 und —. Der Motor beginnt sich zu drehen und kommt immer schneller in Gang, je weiter die Kurbel nach *5* hin gedreht wird.

Der Anlasser nach Fig. 71 ist aber aus verschiedenen Gründen unzweckmäßig. Beim Ausschalten unterbricht man zuerst beim Abgleiten von Kontakt *1* den Ankerstrom, darauf beim Abgleiten der Kurbel von der gebogenen Schiene den Magnetstrom. Letzteres ist für den Motor und den Anlasser schädlich, weil dabei ganz plötzlich der Strom in der Magnetwickelung ausgeschaltet wird und der Magnetismus ebenso rasch verschwinden muß. Beim plötzlichen Ausschalten von Elektromagneten mit vielen Drahtwindungen, wie

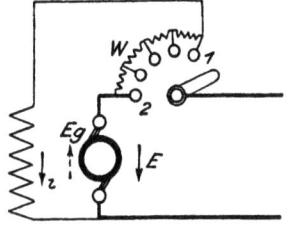

Fig. 72. Nebenschlußmotor mit Anlasser neuerer Form.

sie die Nebenschlußmotoren im Gegensatz zu den Hauptstrommotoren haben, entsteht in den Windungen eine Extraspannung (auch Selbstinduktionsspannung genannt), welche um so höher ist, je rascher der Magnetismus verschwinden muß. Sie kann besonders bei Motoren über 220 Volt so hoch werden, daß wiederholt die Isolierung der Magnetwickelung durchschlagen wird und außerdem entsteht am Anlasser beim Abziehen der Kurbel von der Schiene ein Öffnungsfeuer, welches Kontaktfeder und Schiene bald zerstört.

Man vermeidet alles dies und noch einiges andere durch die einfache Schaltung nach Fig. 72. Die Wirkungsweise des Anlassers ist folgende: Wenn der Motor normal läuft, dann steht die Kurbel des Anlassers auf dem Dauerkontakt *2*. Es ist allerdings dann vor die Magnetwickelung der Anlaßwiderstand W geschaltet. Da aber dieser sehr klein ist gegen den Widerstand der Magnetwickelung (bei dem auf S. 47 schon angenommenen Motor für 220 Volt und 42 Ampere, der vielleicht mit 60 Ampere anlaufen muß, weil beim Anlaufen immer mehr Strom als der normale gebraucht wird, beträgt der Anlasser etwa 3,6 Ohm, während die Magnetwickelung etwa 100 Ohm haben würde), so macht das Vorschalten nichts aus in bezug auf die Stärke des Magnetstromes i. Es kann also eine Tourenerhöhung durch Feldschwächung nicht eintreten.

Soll der Motor ausgeschaltet werden, dann dreht man die Kurbel möglichst schnell von links nach rechts in die gezeichnete Ausschaltstellung (das Anlassen muß natürlich wie immer langsam geschehen). Gleitet die Kurbel von Kontakt 1 ab, so ist die Stromzufuhr von außen unterbrochen. Bei richtigem schnellem Ausschalten erhält man aber keine Spur von Feuer durch das Abgleiten der Kurbel von Kontakt 1, denn es wirkt im ersten Augenblick die im Anker erzeugte elektromotorische Kraft E_g, die ja ganz wenig schwächer als die zugeführte Spannung E ist (vgl. S. 48, wo $E = 220$ und $E_g = 215{,}8$ ist) und die auch nicht sogleich verschwunden ist, weil der Anker infolge seiner Schwungmassen immer noch kurze Zeit nachläuft, auf die Magnetwickelung. Es kommt also durch die Unterbrechung des äußeren zugeführten Stromes der Strom i in der Magnetwickelung nicht plötzlich zum Verschwinden, sondern er wird noch kurze Zeit aufrecht erhalten durch die elektromotorische Kraft E_g. Erst wenn der Motor allmählich zum Stillstand kommt, nimmt auch der Magnetstrom ab. Er kann aber überhaupt nicht plötzlich ausgeschaltet werden, weil auch nach dem Ausschalten immer noch die Verbindung: Magnete, Anker, Anlasser besteht.

Man kann nun noch leicht durch einige einfache, billige Einrichtungen den Anlasser nach Fig. 72 ganz bedeutend verbessern. Zunächst sind die Drahtspiralen eines Anlassers immer nur so stark bemessen, daß sie den Strom nur kurze Zeit, nämlich während der Zeit des Anlaufens (höchstens 30 Sekunden) aushalten können, bei längerem Stromdurchgang verbrennen sie. Würde man sie stärker machen, so würde der Anlasser zu groß und zu teuer werden. Man darf deshalb den Anlasser nur zum Einschalten benutzen und nicht die Kurbel auf einem Zwischenkontakt dauernd stehen lassen, sie darf also nur auf ausgeschaltet (Fig. 73 schwarzer Kontakt) oder auf dem Dauerkontakt (Fig. 73 Kontakt 4) dauernd stehen bleiben. Die dazwischen liegenden Kontakte sind nur zum Anlassen zu benutzen. Durch Anordnung einer Feder f in Fig. 73 wird zunächst erreicht, daß die Kurbel immer selbsttätig auf „ausgeschaltet" gezogen wird, wenn man sie stehen läßt, bevor sie auf den letzten Kontakt 4 gedreht ist. Es können also die Widerstandsspiralen dadurch, daß infolge Stehenlassens der Kurbel auf einem Zwischenkontakt ein Teil derselben dauernd Strom erhielte, nicht mehr verbrennen. Damit die Kurbel von dem letzten Kontakt 4 nicht wieder zurückgeht, bringt man dort einen kleinen Magneten m an, der die

Kurbel festhält. Dieser Magnet ist mit der Magnetwickelung hintereinander geschaltet, er hält also nur die Kurbel fest, wenn die Magnete erregt sind. Wird aus irgend einem Grunde der Magnetstromkreis unterbrochen, vielleicht durch Lockerung einer Klemmschraube oder Brechen eines Drahtes, so würde der Motor sein Magnetfeld verlieren und deshalb durchgehen. Bei Anwendung des Anlassers nach Fig. 73 läßt einfach in solchem Fall der Nullstrommagnet m die Kurbel los und die Feder f zieht die Kurbel in die Ausschaltstellung. Ferner schaltet der Anlasser aus, sobald die Stromzufuhr zum Motor unterbrochen wird. Es kann vorkommen, daß in einer Fabrikzentrale infolge von Überlastung eine Leitungs-

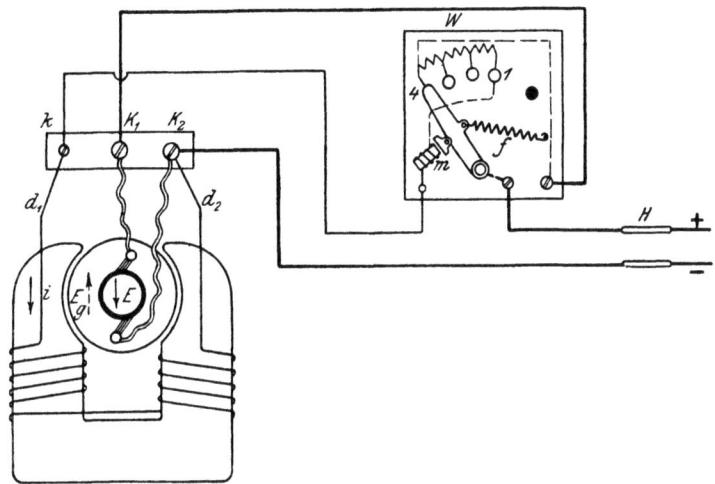

Fig. 73. Nebenschlußmotor mit Anlasser für Nullstromausschaltung.

sicherung herausschmilzt. Dann erhalten alle an der Leitung liegenden Motoren keinen Strom und stehen still. Es müssen dann schleunigst sämtliche Anlasser aus ihrer Betriebsstellung auf ausgeschaltet gestellt werden, damit beim Wiedereinsetzen der Sicherung nicht dadurch gleich wieder Kurzschluß entsteht, daß ein stillstehender Motor die volle Spannung bekommt (vgl. S. 47). Wird nun ein Anlasser vergessen, so tritt dieser Fall ein, der aber beim Anlasser in Fig. 73 unmöglich ist. Sobald der Strom aufhört, schaltet er selbsttätig aus.

Das Stillsetzen des Motors geschieht überhaupt bei dem Anlasser nach Fig. 73 gar nicht durch Zurückdrehen der Kurbel, weil man diese doch nur sehr schwierig von dem erregten Magneten m losreißen kann, sondern durch Ausschalten des Hebelschalters H

vor dem Motor. Dieser Hebelschalter wird herausgezogen, dann braucht man sich um den Motor und seinen Anlasser nicht mehr weiter zu kümmern, denn der Anlasser schaltet kurz nach dem Herausziehen des Hebelschalters von selbst aus.

Weiter kann man nun aber den Anlasser auch noch mit einem Schutz gegen zu starke Belastung des Motors, also mit Überstromschutz versehen. Man setzt dann nach Fig. 74 außer dem Nullstrommagnet, der dort mit m_1 bezeichnet ist, noch einen zweiten Magneten m_2, den Überstrommagnet, auf den Anlasser. Dieser Überstrommagnet erhält nur einige dicke Drahtwindungen, weil er von dem sogenannten Motorstrom erregt wird. Wird der Motor zu stark belastet, also der Strom zu hoch, so zieht der Magnet m_2 seinen Anker an und schließt dadurch den Nullstrommagneten m_1

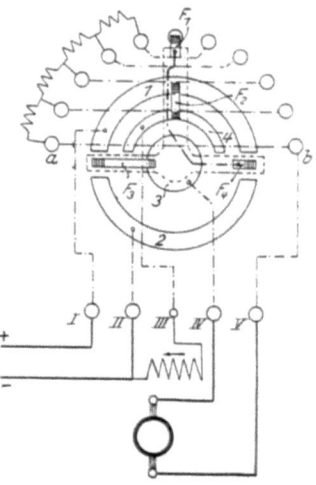

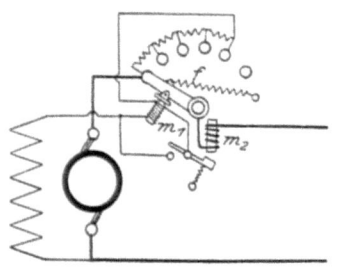

Fig. 74. Nebenschlußmotor mit Anlasser für Nullstrom- und Überstromausschaltung.

Fig. 75. Wendeanlasser für Nebenschlußmotoren.

kurz, so daß dieser stromlos wird, die Kurbel losläßt, und die Feder f ausschaltet.

Läuft ein Nebenschlußmotor nach dem ersten Einschalten verkehrt herum, so vertauscht man, wie ja schon S. 46 bei Fig. 67 bemerkt ist, einfach die in den Fig. 71 und 73 mit $d_1 d_2$ bezeichneten Enden der Magnetwickelung.

Soll der Motor im Betrieb häufig in entgegengesetzter Richtung umlaufen, so kehrt man den Ankerstrom um (vgl. S. 46) und benutzt dazu einen Wendeanlasser. In Fig. 75 ist ein solcher dargestellt, der der Ausführung der Firma Klöckner, Köln a. Rh. entspricht. Der Wendeanlasser ist demjenigen für Hauptstrommotoren nach Fig. 69 ähnlich. Steht die Kurbel nach links, also F_1 auf a, so fließt der Strom auf dem nachstehenden Wege:

Gleichstrommotoren. 57

$$+, I, 1 \begin{Bmatrix} F_4, F_1, a, b, V, \text{Anker}, IV, 3, F_3, 2, II \\ F_2, 4, III, \text{Magnetwickelung} \end{Bmatrix} -;$$

bei Schiene 1 tritt hier eine Verzweigung des Stromes ein, der eine Teil fließt durch F_4, F_1, a, b usw. durch den Anker, während der andere Teil durch F_2, 4, III in die Magnetwickelung fließt. Während nun der Strom im Anker umgekehrt wird, bleibt er in der Magnetwickelung in gleicher Richtung, sobald die dreiteilige Schleifkurbel nach der anderen Seite, also nach rechts, mit F_1 auf b steht. Es ist dann der Stromlauf folgender:

$$+, I, 1 \begin{Bmatrix} F_3, 3, IV, \text{Anker}, V, b, F_1, F_4, 2, II \\ F_2, 4, III, \text{Magnetwickelung} \end{Bmatrix} -.$$

Im Betrieb verhält sich der Nebenschlußmotor ganz anders, als der Hauptschlußmotor. Während letzterer bei schwacher Belastung schnell und bei starker langsam läuft, arbeitet der Nebenschlußmotor bei Vollast und Leerlauf mit fast genau gleicher Umlaufszahl. Man kann sich diesen Umstand durch eine einfache Rechnung klar machen. Es möge ein Motor für 220 Volt mit 0,1 Ohm Ankerwiderstand und voller Belastung mit 60 Ampere und 1000 Umdrehungen laufen. Bei 60 Ampere sind nach S. 48 $0{,}1 \cdot 60 = 6$ Volt nötig, um den Strom durch den Ankerwiderstand von 0,1 Ohm zu treiben, die elektromotorische Kraft im Anker wird also (vgl. S. 48) $220 - 6 = 214$ Volt. Diese 214 Volt entstehen also bei 1000 Umdrehungen. Nehmen wir nun an der Motor sei ganz schwach belastet, er möge nur 10 Ampere Strom erhalten, dann ist zum Durchtreiben des Stromes durch den Ankerwiderstand eine Spannung von $10 \cdot 0{,}1 = 1$ Volt nötig, er muß also jetzt eine elektromotorische Kraft von $220 - 1 = 219$ Volt erzeugen und dazu, weil das Magnetfeld eines Nebenschlußmotors immer von der vollen Spannung erregt wird, also bei allen Belastungen denselben Wert besitzt, bei schwacher Belastung etwas schneller laufen. Wenn er nun bei der elektromotorischen Kraft von 214 Volt für Vollast 1000 Umdrehungen macht, so läuft er für 219 Volt mit $\frac{1000}{214} \cdot 219 = 1022$ Umdrehungen. Diese Zunahme der Tourenzahl von 1000 bei Vollast auf 1022 bei Leerlauf, also etwa 2 %, ist so gering, daß man sagen kann, der Nebenschlußmotor arbeitet bei jeder Belastung mit derselben Tourenzahl. Es kommt sogar noch etwas hinzu, was in Wirklichkeit konstante Umdrehungszahl bewirkt, nämlich die Rückwirkung des Ankerstromes auf das Magnetfeld. Beim Hauptstrommotor konnte dieser Einfluß des Ankers auf die Magnete, weil er sehr gering ist, außer Betracht gelassen werden. Beim Nebenschlußmotor wirkt er folgendermaßen: Der Strom im

Anker erzeugt ein Magnetfeld in den Eisenmassen des Ankers, welches das Hauptfeld der Magnete geringfügig schwächt. Je stärker der Strom im Anker ist, um so stärker ist auch diese Schwächung. Feldschwächung bewirkt aber Tourenerhöhung (vgl. S. 48). Bei Vollast muß nun der Motor eine geringere elektromotorische Kraft entwickeln, also etwas langsamer laufen, wie eben gezeigt wurde, er hat aber wegen des starken Ankerstromes ein etwas schwächeres Magnetfeld, wodurch die Tourenzahl wieder etwas erhöht wird. Bei Leerlauf muß er wegen der höheren elektromotorischen Kraft etwas schneller laufen, hat aber ein etwas stärkeres Magnetfeld, weil der das Magnetfeld schwächende Ankerstrom nicht so stark ist und kann deshalb doch bei etwas geringerer Tourenzahl, als vorhin berechnet, die elektromotorische Kraft erzeugen. Bei richtiger Ausführung läßt sich deshalb der Nebenschlußmotor so bauen, daß er für alle Belastungen mit derselben Umlaufszahl arbeitet.

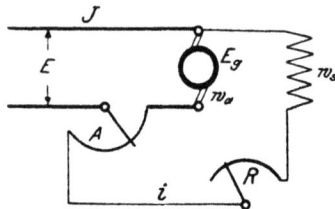

Fig. 76. Nebenschlußmotor mit Geschwindigkeitsregler R.

Aus dem Betriebsverhalten ergibt sich die Anwendung des Motors. Der Nebenschlußmotor wird zum Antrieb von Werkzeugmaschinen, Drehbänken, Hobelmaschinen, Sägen und überall dort verwendet, wo häufige und plötzliche Änderungen in der Belastung auftreten können und sich die Tourenzahl deshalb nicht ändern darf. Z. B. muß man eine Kreissäge mit einem Nebenschlußmotor antreiben. Würde man einen Hauptstrommotor wählen, so würde die Kreissäge jedesmal durchgehen, wenn der Schnitt zu Ende wäre. Bei einem Nebenschlußmotor läuft die Sägescheibe immer mit derselben Tourenzahl, gleichgültig, ob die Säge leer geht oder in einem Brett steckt.

Während beim Hauptstrommotor eine Änderung der Tourenzahl durch besondere Regler selten nötig wird, werden Nebenschlußmotoren sehr häufig mit Tourenregelung verlangt, gerade bei Werkzeugmaschinen. Neuerdings müssen dort die Umlaufszahlen sogar im Verhältnis 1:5 veränderlich sein, z. B. um bei Drehbänken Schnellbetrieb ausführen zu können. Diese ungeheure Veränderlichkeit der Tourenzahl bei einem Motor von 1000 Touren, z. B. auf 200 herunter, ist nur möglich durch Anwendung der Wendepole (vergl. Fig. 33). Sie kann aber dann sehr einfach und billig durch Änderung des Feldes erfolgen. In Fig. 76 ist eine Schaltung dazu gezeichnet. A ist der Anlasser und R ein regelbarer Widerstand, der zum Ändern des Magnetstromes i dient. Wenn R kurzgeschlossen ist, also in Fig. 76 die Kurbel ganz nach rechts steht, dann hat i und damit das Magnetfeld den höchsten Wert und der Motor läuft mit der niedrigen Tourenzahl. Soll diese erhöht werden, so dreht man die Kurbel von R nach links, wodurch i und das Feld entsprechend geschwächt werden und der Motor schneller läuft. Der Regler R darf nicht ausgeschaltet werden können, weil man sonst dem Motor das Feld nimmt und er durchgeht, wenn er nicht den Nullstromausschalter nach Fig. 73 besitzt. Es ist zweckmäßig, wenn beim Anlassen des Nebenschlußmotors der Regler R kurzgeschlossen ist, damit der Magnetstrom stark ist und der Motor ein starkes Magnetfeld hat.

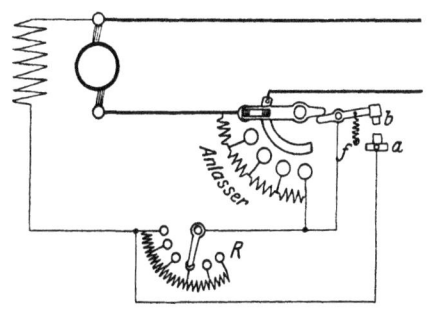

Fig. 77. Anlasser mit Kurzschließer für den Tourenregler zum Anlaufen mit starkem Feld.

Das Anlaufen geht bei starkem Magnetfeld viel leichter vor sich und bei ungünstiger Stellung des Reglers R, also schwachem Magnetfeld, kann es vorkommen, daß der Motor gar nicht auf dem ersten Kontakt des Anlassers anläuft, sondern erst später. Dann geht das Anlaufen mit viel stärkeren Stromstößen und nicht ohne Feuern am Kollektor vor sich. Man kuppelt deshalb zweckmäßig die Hebel, so daß beim Ausschalten des Anlassers der Regler jedesmal von selbst auf kurzgeschlossen gestellt wird. Die Elektrizitäts-Aktiengesellschaft vorm. Schuckert & Co., Nürnberg, hat zu diesem Zweck nach Fig. 77 auf dem Anlasser einen Schalter angebracht, welcher mit den Kontakten $a\,b$ durch die Feder f den

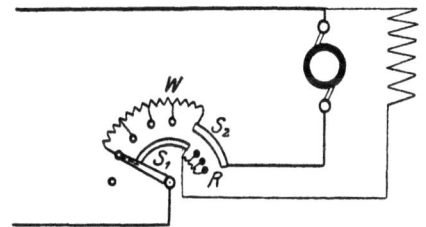

Fig. 78. Anlasser mit einem Hebel zum Anlassen und Ändern der Umlaufzahl.

Tourenregler R kurz schließt, solange die Anlaßkurbel noch nicht auf der Dauerstellung steht.

Am besten erreicht man das Anlaufen mit starkem Felde, wenn man Anlasser und Geschwindigkeitsregler in einem Apparat vereinigt. Fig. 78 zeigt eine zuerst von der Allgemeinen Elektrizitätsgesellschaft ausgeführte Schaltung. W ist der Anlasser, dessen Kontakte durch die Schleiffeder der Kurbel mit der Schiene S_1 verbunden sind, welche außerdem mit dem ersten Anlaufkontakt verbunden ist, damit man nach Fig. 72 funkenfreies Ausschalten erhält. Beim Anlassen dreht man die Kurbel langsam über die Kontakte W bis zur Schiene S_2. Steht die Kurbel auf dem Anfang von S_2, so steht sie gleichzeitig noch auf der Schiene S_1, die Magnete sind ohne vorgeschalteten Widerstand, also voll erregt, und der Anlasser W ist kurzgeschlossen, so daß der Motor mit der normalen Umdrehungszahl läuft. Dreht man die Kurbel noch weiter, so wird Widerstand R vor die Magnetwickelung geschaltet und der Motor läuft schneller. Da aber die Regelung nur mit einer Kurbel erfolgt, so hat der Motor beim Anlaufen stets das normale und nicht ein schwaches Feld.

Dasselbe erreicht man auch mit zwei Hebeln nach Fig. 79, wovon der eine (H_1) zum Anlassen, der zweite (H_2) zum Geschwindigkeitsverändern dient. Der Hebel H_2 hat mit dem Hebel H_1 einen Drehpunkt, muß aber, weil dieser zur Stromzuführung für H_1 dient, mit isoliert aufgesetzter Kontaktfeder versehen sein. Beim Ausschalten nimmt der Hebel H_1 den Hebel H_2 mit bis auf die Kurzschlußstellung des Tourenreglers, so daß beim Anlaufen stets ein starkes Feld vorhanden ist.

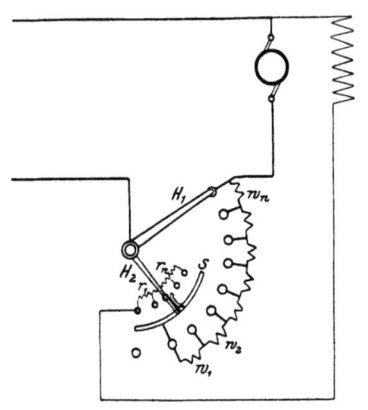

Fig. 79. Anlasser und Geschwindigkeitsregler auf einer Kontaktplatte.

Wie schon auf S. 48 gesagt war, kann man die Geschwindigkeit eines Motors auch vermittels der zugeführten Spannung ändern. Je höher die Spannung ist, die man ihm zuführt, um so schneller läuft er. Die auf S. 48 angegebene Änderung der Spannung durch vorgeschalteten Widerstand ist, wie schon gesagt, sehr unzweckmäßig und fast gar nicht in Anwendung, weil sie mit zu viel Verlusten verbunden ist. Wenn aber, wie in Mehrleiteranlagen (vergl. A IX), mehrere Spannungen zur Verfügung stehen, ist sie ganz zweckmäßig und ohne Verluste möglich. Man kann sie außerdem mit der Touränderung durch Feldschwächung verbinden und dann Geschwindigkeitsänderungen in sehr weiten Grenzen ausführen. In einer Dreileiteranlage (vergl. A IX) mit 2.110 Volt würde man diese Tourenregelung so ausführen, daß die Magnetwickelung mit 220 Volt von den Außenleitern erregt ist und der Anker nach Fig. 80 zuerst mit 110 Volt angelassen wird, wenn die Anlasserkurbel von der Ausschaltstellung *0* auf Kontakt *1* gedreht wird. Von *1* bis *2* läuft der Motor an. Auf Stellung *2* der Kurbel läuft der Motor mit der niedrigsten Tourenzahl, weil er die niedrigste Spannung von 110 Volt erhält und sein stärkstes Feld hat. Die Kontakte zwischen *1* und *2* sind nur zum Anlassen, auf ihnen darf die Kurbel nicht dauernd stehen bleiben. Erst von Stellung *2* ab kann man sie je nach der gewünschten Umlaufzahl auf beliebigen Stellungen stehen lassen. Dreht man die Kurbel weiter über *2* hinaus, so schaltet man Widerstand vor die Magnetwickelung, schwächt also das Feld und erhöht damit die Umlaufzahl. Dies geht bis Stellung *3*, wo der Motor die höchste Umlaufzahl für 110 Volt macht. Auf

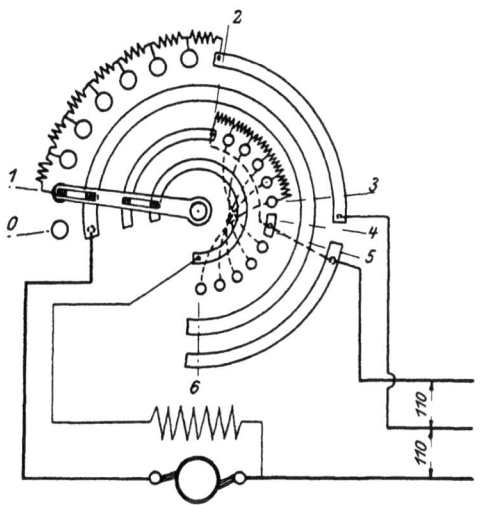

Fig. 80. Geschwindigkeitsregelung mit verschiedenen Spannungen.

Stellung *4* erhält der Anker plötzlich wieder sein stärkstes Feld, weil kein Widerstand mehr vor den Magneten liegt, er hat aber noch von Stellung *3* her die höhere Umlaufzahl und kann deshalb auf Stellung *5* ohne Stoß an 220 Volt geschaltet werden, weil er mit der höheren Umdrehungszahl von Stellung *3* her und dem starken Magnetfeld eine genügend hohe elektromotorische Kraft entwickelt. Von Stellung *5—6* läßt sich dann die Umdrehungszahl durch Feldschwächung noch weiter erhöhen. Auf Stellung *6* wird der Motor schließlich die höchste Tourenzahl haben, weil er 220 Volt bekommt und schwaches Feld hat.

Durch die Erfindung der Wendepole und Ausgleichswickelungen (S. 23) sind aber derartig komplizierte Schaltungen, wie die nach Fig. 80, weniger wichtig geworden, weil man Motoren mit diesen

Einrichtungen einfach durch Feldschwächungsregler nach Fig. 76 im Verhältnis 1:5 bezüglich der Tourenzahl ändern kann und diese Möglichkeit genügt für alle Fälle.

Wie schon gesagt war, gibt es außer dem Hauptstrom- und dem Nebenschlußmotor auch solche mit gemischter Schaltung. Diese Motoren sind aber im Betriebe stets Nebenschlußmotoren, weil die in Fig. 81 mit w_H bezeichnete Hauptstromwickelung nur beim Anlaufen benutzt wird. Durch die Hauptstromwickelung wird erreicht, daß der Motor, wie der Hauptstrommotor, mit starker Zugkraft anläuft. Man benutzt daher einen solchen Motor dann, wenn er beim Anlaufen sehr schwere Massen in Gang zu setzen hat. In der Betriebsstellung des Anlassers ist aber die Kompoundwickelung w_H

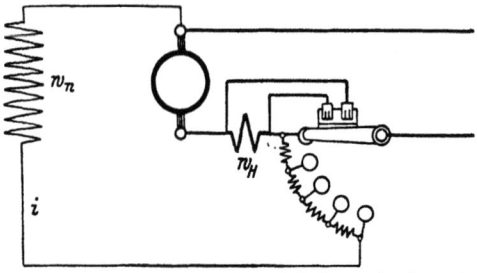

Fig. 81. Anlasser für Motor mit gemischter Schaltung, im Betrieb Nebenschluß.

durch ein an der Kurbel angebrachtes Kontaktmesser, welches in zwei Kontakte gedrückt wird, kurzgeschlossen und der Motor arbeitet als Nebenschlußmotor.

VIII. Motoren für Wechselstrom.

Ebenso wie man die Gleichstromgeneratoren als Motoren arbeiten lassen kann, wenn man ihnen aus einer anderen Stromquelle Strom zuführt, kann man auch die im IV. Abschnitt behandelten Wechselstromgeneratoren als Motoren arbeiten lassen. Man hat dann die sogenannten Synchronmotoren, deren Umdrehungszahl in einem ganz bestimmten festen Verhältnis zur Stromwechselzahl steht und die bei Überlastung leicht stehen bleiben, sowie sehr umständlich angelassen werden müssen. Sie sind höchstens für ganz große Leistungen in Anwendung und außerdem auch dort durch andere Motoren ersetzbar. Sie brauchen deshalb, weil sie in gewöhnlichen Anlagen nicht vorkommen, gar nicht weiter besprochen zu werden. Weit wichtiger und sehr verbreitet sind die asynchronen Motoren für Dreiphasenstrom und für Einphasenstrom die Kollektormotoren.

Motoren für Wechselstrom. 63

Dreiphasiger asynchroner Drehfeldmotor.

Leitet man in eine Wickelung, wie sie beide Fig. 37 zeigen, die aber nach Fig. 38 im Stern oder nach Fig. 39 im Dreieck geschaltet sein muß, fremden Strom ein, so erhält man ein Magnetfeld im Innern des Eisenringes, welches sich dreht. Dieses sich drehende

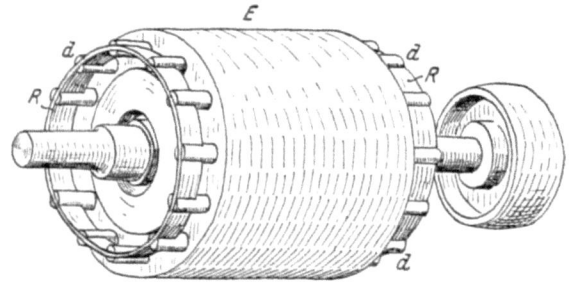

Fig. 82. Kurzschlußläufer mit Käfigwickelung.

Magnetfeld heißt Drehfeld und kann dadurch nachgewiesen werden, daß ein eiserner ankerförmiger Körper, der einfach aus massivem Eisen sein darf, durch das Drehfeld mitgenommen und sich ebenfalls drehen würde. Man führt aber diesen sogenannten Läufer in Wirklichkeit praktischer aus, indem man ihm nach Fig. 82 Kupferstäbe d gibt, die in Löchern dicht am Umfang des aus Blech aufgebauten Eisenkörpers E liegen. Die auf beiden Seiten herausragenden Enden der Kupferstäbe werden durch Kupferringe R kurzgeschlossen. Die Wirkungsweise eines Drehfeldmotors geht dann aus Fig. 83 hervor. Beim Einschalten des dreiteiligen Schalters ist das Drehfeld wirksam und läuft mit einer Geschwindigkeit um, welche von der Polzahl der Wickelung und von der Wechselzahl des Stromes abhängt.

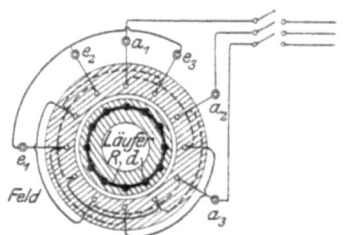

Fig. 83. Vierpolige Drehfeldwickelung in Sternschaltung mit Käfigläufer.

Letztere ist gewöhnlich 100. Ist nun die Polzahl 4, so läuft das Drehfeld genau so rasch als wenn es durch ein Polrad mit 4 Polen erzeugt würde, also mit 25 Umdrehungen in der Sekunde oder mit $60 \cdot 25 = 1500$ Umdrehungen in der Minute (vgl. S. 25). Auf die Stäbe d des Läufers wirkt das umlaufende Drehfeld genau so, als ob Magnetpole an ihnen vorbei bewegt würden. Es entstehen also in den Läuferstäben elektromotorische Kräfte und wegen des sehr kleinen Widerstandes der durch die Ringe R kurzgeschlossenen

Käfigwickelung, wie man nach Fig. 82 diese Läuferwickelung nennt, entstehen sehr starke Ströme. Auf diese Ströme wirkt das Drehfeld derartig ein, wie bei den Gleichstrommotoren schon gezeigt war (vgl. Fig. 65), es entsteht eine Bewegung des Läufers in derselben Richtung, wie das Drehfeld umläuft. Während aber beim Gleichstrommotor Strom aus einer fremden Stromquelle in die Magnetwickelung und den Anker hineingeleitet wird, erhält der Drehfeldmotor nur in die Feldwickelung fremden Strom, der Läufer ist gar nicht mit der Zuführungsleitung verbunden. Er erhält seinen Strom durch Induktion aus dem Feld, diesem muß deshalb nicht nur der Magnetstrom, sondern die ganze Energie zugeführt werden, die der Läufer leisten soll. Bei jedem Motor hängt die Größe seiner Zugkraft von der Stärke des Feldes und der Stärke des Stromes im Anker oder Läufer ab. Starkes Feld und gleichzeitig starker Strom gibt sehr starke Zugkraft. Bei stillstehendem Läufer, also wenn das Drehfeld gerade eingeschaltet wird, ist der Unterschied zwischen Feldgeschwindigkeit und Läuferdrähten sehr groß, deshalb ist auch die Induktion in den Läuferstäben groß und der Strom stark. Die Zugkraft ist beim Anlauf daher viel stärker, als sie zu sein braucht. Der Motorläufer läuft leicht an und nimmt immer mehr zu an Geschwindigkeit, bis er schließlich fast die Tourenzahl des Drehfeldes erreicht hat. Genau so schnell wie das Drehfeld wird er niemals laufen können, weil dann ja kein Unterschied mehr zwischen der Geschwindigkeit des Feldes und der Läuferstäbe vorhanden wäre, d. h. es kommt dann auf dasselbe heraus, als ob beide stillstehen, es findet keine Induktion im Läufer statt. Wohl aber wird noch eine schwache Induktion eintreten, wenn der Läufer eine etwas geringere Geschwindigkeit wie das Drehfeld hat und bei dem sehr kleinen Widerstand der Käfigwickelung erzeugt die schwache induzierte elektromotorische Kraft doch noch einen so starken Strom, daß die erforderliche Zugkraft entwickelt wird. Wie schon gesagt, entsteht aber nur dann ein genügend starker Strom, wenn der Widerstand der Läuferwickelung sehr klein ist. Man baut die asynchronen Drehfeldmotoren immer derartig, daß ihre Läufer einen solch kleinen Widerstand haben, daß die Umlaufszahl des Motors bei Vollast um etwa $3-10\,^0/_0$ hinter derjenigen des Drehfeldes zurück bleibt. Je kleiner der Motor ist, um so mehr bleibt er zurück. Bei Leerlauf ist die Tourenzahl noch näher an derjenigen des Drehfeldes, die man die synchrone nennt, weil bei Leerlauf nur wenig Strom erforderlich ist, also eine sehr geringe elektromotorische Kraft erzeugt zu werden braucht. Bei Belastung muß dann der Läufer etwas stärker hinter der synchronen Geschwindigkeit zurückbleiben. Jeder dreiphasige Drehfeldmotor verhält sich im Betriebe daher

Motoren für Wechselstrom.

folgendermaßen: Bei Leerlauf ist seine Umlaufszahl um etwa 1 bis 3 % hinter der synchronen zurück, bei Belastung wird der Unterschied größer und bei Vollast ist er etwa 3—10 %. Beträgt z. B. die synchrone Umlaufszahl (bei 4 Polen und 100 Stromwechseln) 1500 in der Minute, so würde ein großer Drehfeldmotor bei Leerlauf 1 % weniger, d. h. 15 Touren weniger, also 1485 Umdrehungen machen und bei Vollast 3 % weniger, also 1500 — 45 = 1455. Ein kleinerer Motor würde dann bei Leerlauf 3 % und bei Vollast 10 % Umdrehungen weniger haben, als die synchrone Umlaufszahl beträgt. Es verhält sich der asynchrone Drehfeldmotor ungefähr so wie der Nebenschlußmotor bei Gleichstrom. Er läuft mit fast konstanter Umdrehungszahl bei verschiedenen Belastungen. Man kann ihn daher auch in all den Fällen anwenden, wo man den Nebenschlußmotor benutzt. Allerdings ist er wegen seines etwas größeren Tourenabfalles bei sehr empfindlichen Maschinen, z. B. Spinnereimaschinen, nicht ohne weiteres brauchbar. Man kann ihn dann durch einen Kollektormotor ersetzen.

Der eben beschriebene Motor mit Käfiganker nach Fig. 82 kann in dieser einfachen Form nur für kleinere Leistungen ausgeführt werden, denn bei kleinen Motoren liegen weniger Stäbe auf dem Läufer als bei großen, folglich haben große Motoren einen noch kleineren Widerstand der Käfigwickelung als kleine. Es entsteht deshalb im Läufer eines derartigen großen Motors, beim Anlaufen ein solch starker Strom, daß die Wickelung verbrennen würde. Man führt die Dreiphasenmotoren mit Käfiganker gewöhnlich nur bis 2 PS. aus, größere Motoren, bis etwa 5 PS., erhalten ebenfalls noch Käfiganker, aber sie werden mit Stern-Dreieckschaltern angelassen, noch größere Motoren bis etwa 10 PS. kann man mit Gegenschaltung (Görges) und einstufigem Widerstand (Brown und Boveri) anlassen. Alle großen Motoren dagegen erhalten einen Phasenanker mit Schleifringen. Eine Stern-Dreieckschaltung zum Anlassen zeigt Fig. 84. Beim Anlauf sind nur die drei starken Anlaufsicherungen S_2 eingeschaltet und die drei Wickelungsenden des Motors $e_1\ e_2\ e_3$ durch die Stellung des dreiteiligen Umschalters zum Knotenpunkt miteinander verbunden, so daß Sternschaltung besteht. Nach kurzer Zeit legt man den Schalter in die gestrichelte Betriebs-

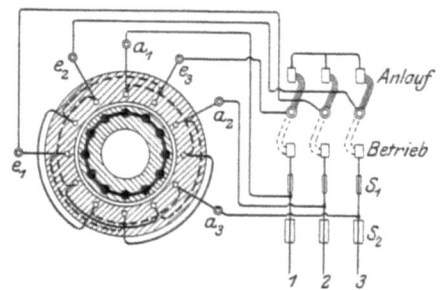

Fig. 84. Stern-Dreieckanlasser.

Krause, Bedienung. 5

stellung um. Dadurch wird a_1 mit e_3, a_2 mit e_1 und a_3 mit e_2 verbunden, also Dreiecksschaltung hergestellt, wobei hinter den starken Anlaufsicherungen S_2 die schwächeren Betriebssicherungen S_1 hinzugeschaltet sind. Bei Sternschaltung ist der Widerstand der Wickelung etwas größer, als bei Dreiecksschaltung, deshalb kann nicht ein so starker Anlaufstrom entstehen, als ob sofort mit Dreiecksschaltung eingeschaltet würde. Häufig werden diese Schaltungen durch kleine Schaltwalzen vorgenommen. (Vgl. Fig. 94, während in Fig. 126 die aufgeschnittene Schaltwalze für Stern-Dreiecksschaltung gezeichnet ist.)

Das Anlassen mit Gegenschaltung nach Görges wird von Siemens und Halske ausgeführt. Die schematische Schaltung zeigt Fig. 85. Die Wickelung des Läufers besteht aus zwei Teilen. Der eine Teil besitzt doppelte Drahtzahl und doppelten Widerstand als der andere und es verhalten sich demnach die elektromotorischen Kräfte in den beiden Wickelungen wie $\dfrac{2e}{e}$.

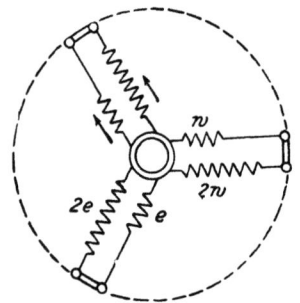

Fig. 85. Anlaufschaltung nach Görges.

Beim Anlassen ist die punktierte Kurzschlußverbindung unterbrochen und es wirken die Induktionen in beiden Wickelungen gegeneinander, so daß nur eine elektromotorische Kraft $2e - e = e$ wirksam bleibt. Wenn der anlaufende Motor eine gewisse Geschwindigkeit erreicht hat, wird die punktiert gezeichnete Kurzschlußverbindung hergestellt und die beiden Teile der dreiphasigen Wickelung arbeiten parallel, weil die wirksame Spannung an ihren Enden gleich groß ist. Es entsteht nämlich in der Wickelung mit dem großen Widerstand ein Strom $i = \dfrac{2e}{2w} = \dfrac{e}{w}$ und in der Wickelung mit dem kleinen Widerstand ist der Strom $i = \dfrac{e}{w}$, also genau so groß. In der großen Wickelung tritt aber der Spannungsverlust $i \cdot 2w$ auf, in der kleinen nur $i \cdot w$. Dadurch bleibt in der großen Wickelung nach S. 7 die wirksame Spannung $e_k = 2e - i2 \cdot w = e - i \cdot w$ und in der kleinen Wickelung $e_k = e - iw$. Der Kurzschluß der Wickelungen kann selbsttätig durch einen kleinen auf der Welle des Motors sitzenden Fliehkraftregler oder von Hand hergestellt werden. Im letzteren Fall ist ein Knopf an der Welle hereinzustoßen oder ein Hebel zu bewegen (vgl. Fig. 87 und 88).

Motoren für Wechselstrom. 67

Ein einstufiger Widerstand, wie ihn Brown und Boveri anwenden, ist schematisch in Fig. 86 angegeben. Während des Anlaufens sind die drei Enden der drei Phasen durch drei Widerstände w_x verbunden, welche gleich am Läufer befestigt sind, also

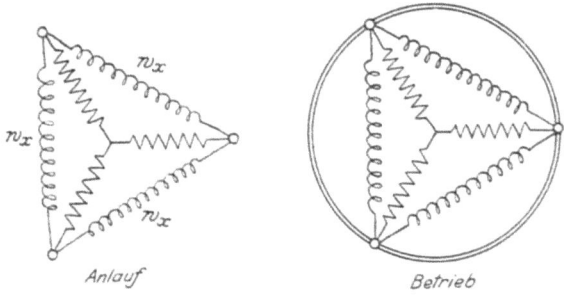

Fig. 86. Anlassen mit einstufigem Widerstande.

mit umlaufen. Während des Betriebes sind diese drei Widerstände kurz geschlossen. Auch hier kann der Kurzschluß auf gleiche Weise wie bei der vorigen Methode bewirkt werden. Eine Kurzschlußvorrichtung von Brown und Boveri zeigt Fig. 87. Die Enden der drei Phasen der Läuferwickelung sind mit den drei Ringen S verbunden. Alle drei Ringe sind voneinander isoliert und werden im Betrieb durch die beiden ringförmigen Drahtspiralen R in der Weise miteinander verbunden, wie die Figur zeigt. Beim Anlauf ist der Knopf vorn an der Welle weiter vorgezogen und die beiden Spiralen R, die zusammen federn können, liegen unter den beiden ersten der drei Ringe S. Um kurzzuschließen, stößt man einfach gegen den Knopf.

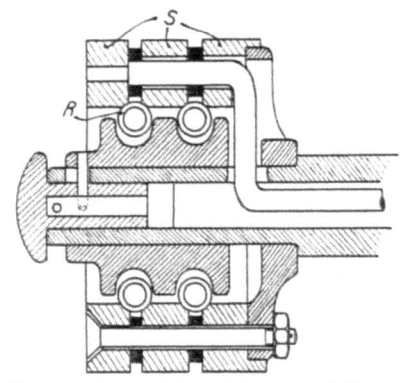

Fig. 87. Kurzschlußvorrichtung nach Brown und Boveri.

Eine zweite mit Hebel zu bewegende Kurzschlußeinrichtung zeigen die Fig. 88 und 89. Die drei Enden der Phasenwickelung des Läufers sind mit den auf der Scheibe S_1 sitzenden, voneinander isolierten Kontakten b verbunden. Vor dieser Scheibe, die durch den Keil K von der Welle W mitgenommen wird, befindet sich die Metallscheibe S_2, die mit einer Büchse und dem Abschlußring R_2

5*

versehen ist und ebenfalls durch den Keil K von der Welle mitgenommen wird, aber gegen den Ring S_1 hin verschoben werden kann. Diese Verschiebung erfolgt durch den Hebel H, der bei d am Motor drehbar befestigt ist (vgl. Fig. 129) und mit dem Ring R_1 vermittels der Zapfen Z verbunden ist. Durch Drehen des Hebels H nach der Scheibe S_1 hin drückt man während des Laufes des Ankers die miteinander verbun-

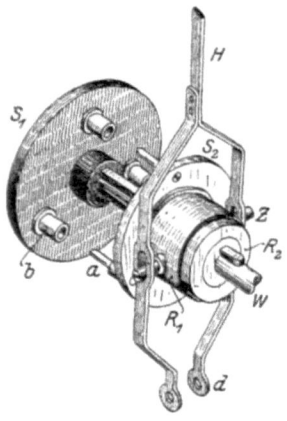

Fig. 88. Kurzschlußvorrichtung.

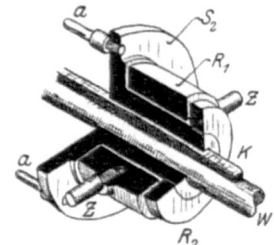

Fig. 89. Schnittfigur zu Fig. 88.

denen Kontakte a in die Kontakte b hinein und schließt dadurch den Läufer kurz.

Die größeren Drehfeldmotoren erhalten einen Phasenanker, der mit Schleifringen versehen ist. Das Feld ist genau so, wie in Fig. 83 angegeben. Der Läufer erhält aber eine dreiphasige

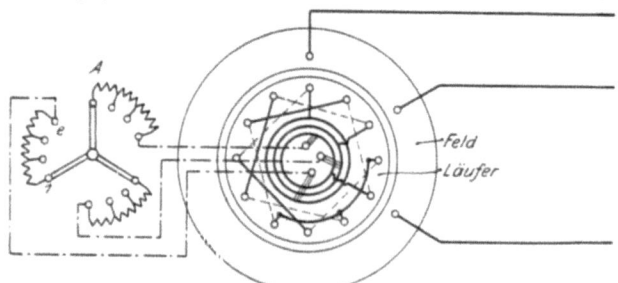

Fig. 90. Asynchroner Drehfeldmotor mit Schleifringanker.

Wickelung aus Drähten oder Stäben, die in Sternschaltung verbunden sind, wobei die drei Anfänge nach Fig. 90 zu je einem Schleifring führen, auf denen Bürsten aufliegen. Durch die Bürsten ist der Läufer mit einem dreiteiligen Anlasser A verbunden, der mit seinem Widerstand den Widerstand der Läuferwickelung so weit vergrößert, daß der Anlaufstrom nicht zu hohe Werte annehmen kann. Das Anlassen geschieht durch langsames Drehen der dreiteiligen Kurbel von *1* nach *e* hin. In dieser letzten Stellung ist der Widerstand des Anlassers ausgeschaltet und die drei Anfänge der Läuferwickelung sind ebenso miteinander verbunden, wie die drei Enden, die Läuferwickelung ist also kurzgeschlossen. Es wirkt jetzt ein solcher Motor ebenso, wie ein solcher mit Käfiganker. Damit aber der Widerstand des kurzgeschlossenen Läufers möglichst klein ist, was für den Betrieb einen Vorteil bedeutet (vgl. S. 64), schließt man meistens nach dem Anlassen die drei Schleifringe noch direkt miteinander kurz, wodurch die Widerstände der Anlasser-

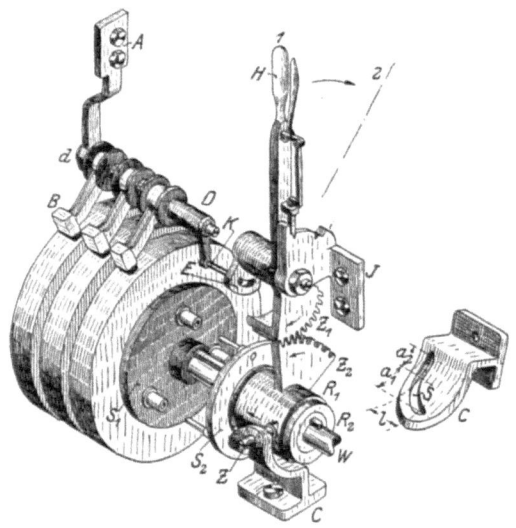

Fig. 91. Kurzschluß- und Bürstenabhebevorrichtung.

leitung und der Anlasserkurbel noch abgeschaltet werden. Nach dem Kurzschließen der Schleifringe werden dann die Bürsten, die nur zwecklos Reibung und Abnützung verursachen würden, abgehoben. Eine Vorrichtung dieser Art, bei der die nötigen Bewegungen gleich mit einem Hebel ausgeführt werden, zeigt Fig. 91. Die Bürsten *B* sitzen auf einem Bolzen *D*, der bei *d* in dem Arm *A* seinen Drehpunkt hat. Der Arm *A* ist am Gestell des Motors befestigt. Der Hebel *H* ist drehbar gelagert in dem Arm *J*, der ebenfalls, wie auch der Schlitzkörper *C*, am Gestell des Motors festgeschraubt ist. Die Scheiben S_1 und S_2, der Ring R_2 und der Ringkörper R_1 sind ebenso ausgeführt, wie die mit den gleichen Bezeichnungen versehenen Teile in den Fig. 88 und 89. Nur sind die Kontakte auf S_1 jetzt noch mit den drei Schleifringen verbunden und der Ringkörper R_1 besitzt nur einen Zapfen Z, mit dem er in dem Schlitz s des Körpers C gleitet und außerdem hat er oben ein Zahnsegment Z_2. Der Körper C ist rechts allein so dargestellt, daß man die Form des Schlitzes deutlicher erkennt. Bewegt man den Hebel H aus der Lage 1 in die Lage 2, so wird durch die Zahnsegmente Z_1 und Z_2 der Ringkörper R_1 gedreht und um die bei der Nebenfigur angegebene Länge l dadurch verschoben, daß der Führungsschlitz s für den Zapfen Z auf dem Bogen a_1 schraubenförmig verläuft. Es schieben sich dabei die Kontakte der Scheibe S_2 in diejenigen der Scheibe S_1 hinein, wodurch der Kurzschluß der Schleifringe herbeigeführt wird. Bewegt man den Hebel H noch weiter, so wird der Ringkörper R_1 zwar noch verdreht, aber nicht mehr verschoben, weil jetzt der Zapfen Z in dem gerade verlaufenden Stück a_2 des Schlitzes s geführt wird. Wohl aber werden jetzt, nach vollzogenem Kurzschluß der Schleifringe, die Bürsten abgehoben, weil der Schlitz im Segment E des Hebels, der während der Verschiebung des Ringstückes R_1 auf der Strecke a_1 ein Stehenbleiben der Kurbel K bewirkt, mit seinem hinteren Ende gegen die Kurbel K drückt und den Bürstenbolzen D dreht.

Die eben beschriebene Einrichtung, die in den verschiedensten Ausführungsformen anzutreffen ist und durch Hebel oben über dem Lager, oder seitlich neben dem Lager und durch Handräder betätigt wird, macht aber den Motor schon ziemlich kompliziert und seine Bedienung erfordert größere Aufmerksamkeit, wie aus der Fig. 130 und der auf S. 96 gegebenen Betriebsvorschrift hervorgeht. Man muß drei verschiedene Handgriffe in ganz bestimmter Reihenfolge ausführen. Um die richtige Reihenfolge aller angegebenen Vorrichtungen sicher erwarten zu können und bei einer Bedienung durch unkundige Leute Irrtum zu vermeiden, hat man schon verschiedentlich versucht, alle notwendigen Schaltungen mit einem einzigen Hebel auszuführen. Man muß dann die Anlaßkurbel dazu benutzen und den Anlasser wegen des Schleifringkurzschlusses und des Abhebens der Bürsten unmittelbar mit dem Motor zusammenbauen. Es sind dann natürlich ziemlich verwickelte mechanische Einrichtungen und Hebelvorrichtungen erforderlich, um durch Drehen an einem einzigen Handrad alle notwendigen Bewegungen zwangläufig zu machen. Bei derartig mit dem Motor zusammengebauten Anlaßvorrichtungen wird gewöhnlich der Motor mit den Anlaßeinrichtungen oder wenigstens diese verkapselt, so daß außen nur das Handrad und häufig noch ein gleich mitangebautes Meßinstrument, ein Amperemeter oder ein Wattmeter sichtbar sind.

Die dreiteiligen Anlasser nach Fig. 90 müssen immer eine große Zahl von Kontakten und viel Widerstandsmaterial enthalten. Zur Verminderung der Kontaktzahl und des Widerstandsmaterials ist der Firma Siemens & Halske die Schaltung von Kahlenberg nach Fig. 92 patentiert. In der erwähnten Figur ist die Wickelung des Feldes, die genau wie in Fig. 83 ausgeführt ist, fortgelassen. Der Läufer ist mit einer Dreiphasenwickelung in Stern geschaltet, wie in Fig. 90, und von den drei Schleifringen und Bürsten, die auch fortgelassen sind, führen drei Leitungen zu dem Anlasser. Wird der Strom im Felde eingeschaltet, so läuft der Anker des Motors an. Beim Anlauf steht die Kurbel K des Anlassers in der gezeichneten Stellung und es sind zwischen zwei Phasen der Läuferwickelung immer vier Widerstände hintereinander geschaltet. Dreht

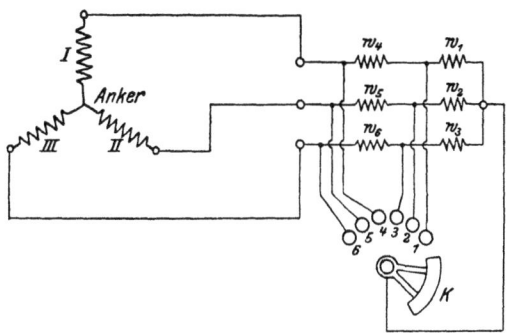

Fig. 92. Kahlenberg-Schaltung für Drehfeldanlasser.

die Kurbel K auf 1, so wird die Stufe w_1 kurzgeschlossen, es liegen dann zwischen den Phasen I und II nur noch drei Widerstände, w_4, w_2 und w_5. Zwischen den Phasen I und III liegen ebenfalls noch drei Widerstände, nämlich w_4, w_3 und w_6. Zwischen den Phasen II und III liegen noch vier Widerstände, w_5, w_2, w_3, w_6. Dreht man die Kurbel weiter auf 2, so ist außer w_1 jetzt noch w_2 kurzgeschlossen, so daß zwischen Phase I und II nur noch zwei Widerstände liegen, zwischen I und III liegen noch drei Widerstände, zwischen II und III aber auch nur noch zwei usw. So wird durch Weiterdrehen der Kurbel K allmählich der ganze Widerstand kurzgeschlossen, und zwar bei Fig. 92 in sieben Stufen. Das Abschalten der einzelnen Stufen erfolgt, wie gezeigt ist, nicht gleichmäßig in den einzelnen Phasen, aber gerade dadurch läuft der Motor weniger stoßweise an. Die Kurbel muß bei dem Kahlenberg-Anlasser eine breite Schleiffläche haben und in Fig. 92 die Kontakte 1 und 4 gleichzeitig überbrücken.

Das Wenden der Drehrichtung geschieht beim asynchronen Dreiphasenmotor sehr einfach. Läuft der Motor beim ersten Einschalten verkehrt herum, so vertauscht man nach Fig. 93 einfach zwei beliebige Zuleitungen an den drei mit I, II und III bezeichneten Feldklemmen. In Fig. 93 sind z. B. in der zweiten Figur

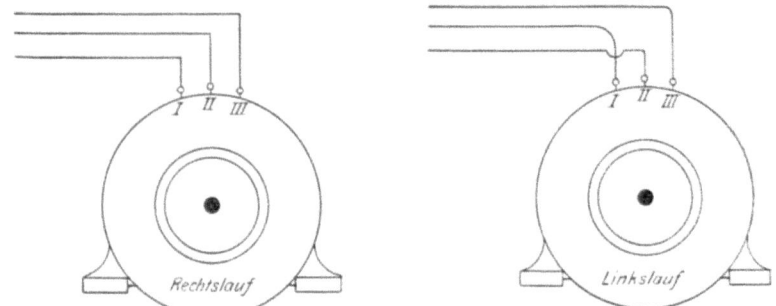

Fig. 93. Umkehren der Drehrichtung bei asynchronen Drehfeldmotoren.

die Klemmen I und II gegen die erste Figur vertauscht. Man hätte aber ebenso gut II und III oder I mit III vertauschen können. Durch die Vertauschung von zwei Zuleitungen zum Feld kehrt man die Umlaufsrichtung des Drehfeldes um und damit dreht sich auch der Läufer entgegengesetzt als vorher.

In denjenigen Fällen, wo man häufig hintereinander die Drehrichtung umkehren muß (also namentlich Hubmotoren, Fahrstuhl-

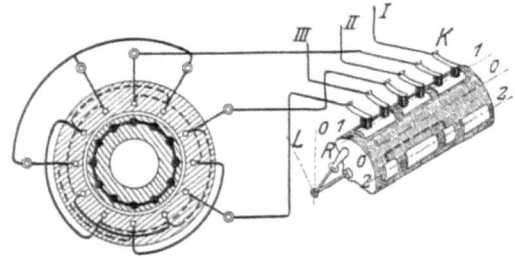

Fig. 94. Wendeschalter.

motoren und Fahrzeugmotoren), verwendet man bei kleineren Motoren Wendeschalter nach Fig. 94. Mit dem Griff kann die Walze nach Rechts (R) gedreht werden, so daß die Linie *1—1* unter den feststehenden Kontakten K liegt, wie es auch in Fig. 94 gezeichnet ist. Es läuft dann der Läufer des Motors nach rechtsherum. Bei Drehung des Griffes nach Links (L) kommen die auf der Linie *2—2* liegenden Kontaktstücke unter die feststehenden Kontakte oder

Finger K und der Motor läuft nach der anderen Seite, weil die Leitungen II und III gegen die vorige Stellung vertauscht sind. Dreht man den Griff des Hebels in die Mittelstellung 0, so ist der Motor ausgeschaltet, weil dann die Walze mit der Linie 0—0 unter den Fingern K steht. In dem Schema Fig. 125 ist dieselbe Walze noch einmal schematisch dargestellt, und zwar in aufgeschnittenem und gerade ausgebreitetem Zustand.

Größere Motoren erhalten, wie auch bei den Gleichstrommotoren, zum häufigen Umkehren der Drehrichtung besondere Anlasser, die Wendeanlasser. Diese Wendeanlasser besitzen außer der Anlaßkurbel noch den Umschalter für das Vertauschen von zwei Feldzuleitungen und werden nach Fig. 95 ausgeführt. In dieser Figur werden die Phasen II und III des Feldes vertauscht. Die vierarmige Kurbel, deren vierter Arm den Umschalter für das Feld enthält, ist in der Figur auf „Ausgeschaltet" gestellt. Dreht man

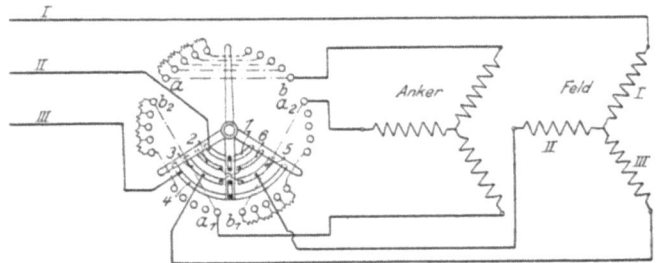

Fig. 95. Wendeanlasser für Drehfeldmotoren.

sie auf die Kontakte a, a_1, a_2, dann ist die Wickelung des Läufers kurzgeschlossen, ebenso auf den Kontakten b, b_1, b_2. In beiden Fällen ist aber die Umlaufsrichtung des Läufers entgegengesetzt, denn auf den Kontakten a, a_1 und a_2 ist Phase II des Feldes mit Zuleitung III verbunden und Phase III mit Zuleitung II, während auf den Kontakten b, b_1 und b_2 die Zuleitung II zu Phase II und die Zuleitung III zu Phase III führt.

Bei diesen Wendeanlassern, die aus den gewöhnlichen Anlassern mit drei Teilen nach Fig. 90 entwickelt sind, ist die große Kontaktzahl, die jetzt das Doppelte des gewöhnlichen Anlassers beträgt, sehr unangenehm. Es ist deshalb für die Wendeanlasser die Anwendung der Kahlenberg-Schaltung (vergl. Fig. 92) besonders zweckmäßig. In Fig. 96 ist ein derartiger, mit 5 Anlaßstufen versehener Drehfeldanlasser dargestellt. Trotz der fünf Stufen sind nur zehn Kontakte nötig, während ein gewöhnlicher, ebenfalls fünfstufiger Wendeanlasser nach Fig. 95 eine Kontaktzahl von $3 \cdot 6 = 18$

gebraucht. Außerdem wird in Fig. 96 noch an Widerstandsmaterial gespart. In Fig. 96 ist die Stellung des Anlassers auf „Ausgeschaltet" gezeichnet. Der Umschalter für das Vertauschen der Phasen ist genau so ausgeführt wie der in Fig. 95.

Bequemer und betriebssicherer als die Anlasser sind die Schaltwalzen (vergl. Fig. 94). In den späteren Figuren des Abschnittes Betriebsvorschriften für Motoren sind deshalb auch für das Wenden und das gewöhnliche Anlassen fast nur Schaltwalzen angenommen (vgl. die Fig. 125, 126, 127 und 129).

Eine Regelung der Tourenzahl ist beim asynchronen Dreiphasenmotor auf einfache Weise nicht möglich. Man wendet bei der Notwendigkeit, die Umlaufszahl ändern zu können, meist die dreiphasigen Kollektormotoren an. Möglich ist die Änderung der Tourenzahl einmal durch Vorschalten von Widerstand in den Läuferstromkreis und dann durch Ändern der Polzahl. Bei der ersten Methode müssen Anlasser nach Fig. 90 oder 92 benutzt werden und so stark ausgeführt werden, daß sie den Strom dauernd aushalten. Diese Rege-

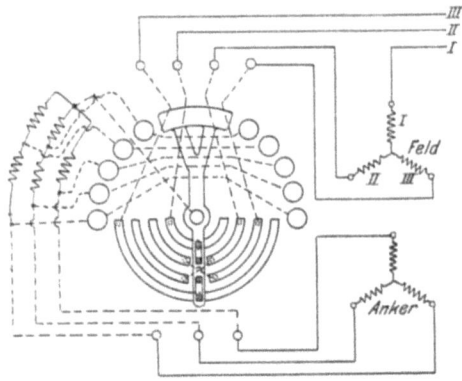

Fig. 96. Wendeanlasser für Drehfeldmotoren nach Kahlenberg.

lungsmethode ist aber genau so, wie die bei Gleichstrom durch Vorschalten von Widerstand vor den Anker mit großen Verlusten verbunden. Von diesem Fehler frei ist die zweite, die Änderung der Polzahl. Sie erfordert aber eine sehr komplizierte Wickelung des Feldes und komplizierte Schalteinrichtungen. Außerdem ist die Tourenzahl nur sprungweise änderbar. Da man gewöhnlich nicht unter 4 Pole heruntergeht, kann man sie bei 4 poligen Motoren nicht anwenden, ein 6 poliger würde mit 6 und 4 Polen also nur 2 Stufen laufen können, ein 8 poliger mit den drei Stufen 8, 6 und 4. Brauchbar ist die Methode also nur für größere Motoren. Sonst muß man Kaskadenschaltung benutzen, d. h. mehrere Motoren verbinden, wofür dann aber heute die Kollektormotoren besser verwendbar sind.

Einphasen-Induktions-Motor.

Ein Motor nach demselben Grundsatz wie der asynchrone Dreiphasenmotor läßt sich auch für gewöhnlichen einphasigen

Motoren für Wechselstrom. 75

Wechselstrom ausführen, der Einphasen-Induktions-Motor. Dieser Motor wirkt aber nur im Betriebszustand als Drehfeldmotor. Er kann nicht ohne weiteres anlaufen wie der Dreiphasenmotor und auch nur ohne Belastung. Damit der Motor anläuft, besitzt er eine Hülfswickelung, die im Betriebe ausgeschaltet ist. Der Läufer ist gewöhnlich ein Kurzschlußläufer wie in Fig. 82, da diese Einphasen-Induktionsmotoren meist nur für geringere Leistungen sind. Es kann aber auch ein Läufer mit Dreiphasenwickelung nach Fig. 90 benutzt werden. Die Schaltung des Motors zeigt Fig. 97. Die normale Hauptwickelung des Feldes besteht aus den Drähten $D_1 D_1$ $D_2 D_2$. Außerdem ist noch die aus dünnerem Draht hergestellte Hülfswickelung vorhanden, mit welcher eine Drosselspule D hintereinander geschaltet ist. Durch diese Drosselspule wird der Strom in der Hülfswickelung gegen denjenigen in der Hauptwickelung verzögert und man erhält durch die gegeneinander verzögerten, d. h. zu verschiedenen Zeiten auftretenden Wechselströme in den beiden Wickelungen eine Art Zweiphasenwickelung und im Motor ein allerdings schwankendes und ungleichförmig umlaufendes Drehfeld, welches aber den unbelasteten Läufer in Drehung versetzt.

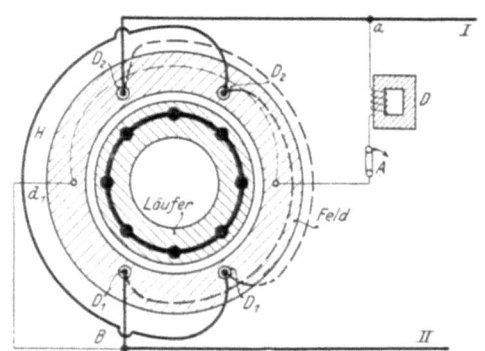

Fig. 97. Einphasen-Induktions-Motor.

Sobald der Läufer seine normale Umdrehungszahl erreicht hat, schaltet man die Hülfswickelung mit dem Schalter A aus und kann den Motor belasten. Er arbeitet dann trotz der einphasigen Wickelung des Feldes infolge der Einwirkung des umlaufenden Läufers auf das Feld wie ein mehrphasiger Drehfeldmotor. Damit man den Motor aus Versehen nicht mit Belastung einschalten kann, führen die Siemens-Schuckert Werke A.-G. diese Motoren mit selbsttätiger Fliehkraftkuppelung aus. So lange die Umlaufzahl zu niedrig ist, also während des Stillstandes und Anlaufens, ist die Riemenscheibe nicht mit der Welle gekuppelt. Erst wenn die Umlaufzahl normal geworden ist, schaltet sich die Kuppelung ein.

Will man den Einphasen-Induktionsmotor in seiner Drehrichtung umkehren, so kann man dies durch Umschalten der Hülfswickelung erreichen, indem man in Fig. 97 d_1 mit Punkt a anstatt mit B

verbindet und gleichzeitig den Draht *a* nach Leitung II herüberlegt. Es läuft dann das Drehfeld und mit ihm der Läufer entgegengesetzt.

Falls die Betriebsverhältnisse es erlauben, kann man den Einphasen-Induktions-Motor auch ganz ohne Hülfswickelung und Drosselspule anlaufen lassen, besonders wenn der Motor klein ist. Man zieht einfach am Riemen, in der Richtung, nach welcher der Motor laufen soll. Er kommt dann ganz leicht in Gang und kann sobald er mit der normalen Tourenzahl läuft, ebenso belastet werden, wie ein mit Hülfsphase versehener Motor.

Eine Regelung der Tourenzahl ist auf einfache Weise nicht möglich, man wendet dann besser die nachstehenden Kommutatormotoren an.

Kommutatormotoren für Einphasenstrom.

Wie schon auf S. 46 und bei den Fig. 66 und 67 gezeigt war, bewirkt ein gleichzeitiges Umschalten des Anker- und Magnetstromes, also ein Umschalten der Zuleitung, keine Änderung der Drehrichtung. Man kann deshalb einen Gleichstrommotor auch mit Wechselstrom betreiben, nur darf man ihm nicht das gewöhnliche massive Magnetsystem geben, sondern muß dasselbe mit den Polen aus Blechen aufbauen. Früher machte der Kommutator bei Wechselstrom große Schwierigkeiten wegen des Bürstenfeuers. Heute arbeiten diese Wechselstrom-Kommutatormotoren durch die Erfindung der Wendepole (Fig. 33) und der Kompensationswickelung (Fig. 34) ohne weiteres zufriedenstellend. Der Anker eines solchen Kommutatormotors ist genau wie ein Gleichstromanker ausgeführt. Das Magnetsystem kann mit ausgeprägten Polen ausgestattet werden, erhält aber meist, wie Fig. 107 zeigt, eine gewöhnliche Wechselstromwickelung. Da die Kollektormotoren für Wechselstrom noch neu und auch zum Teil noch in der Entwickelung sind, so gibt es eine große Zahl von Schaltungen, von denen die meisten gesetzlich geschützt sind. Infolgedessen sind die Motoren der einzelnen Firmen sehr verschieden. In den Fig. 98—105 sind eine Anzahl dieser Motoren dargestellt. Fig. 98 ist der Atkinson Nebenschluß-Kurzschlußmotor, der älteste Kollektormotor für Einphasenstrom. Aus ihm entstand der kompensierte Nebenschluß-Kurzschlußmotor von Fynn und Eichberg (Patent Union E. G.), Fig. 99. Beide Motoren arbeiten ähnlich wie der Gleichstrom-Nebenschlußmotor, bei allen Belastungen mit fast konstanter Tourenzahl, allerdings bei Vollast etwas gegen Leerlauf abfallend. Die weiteren Motoren in den Fig. 98—105 arbeiten ähnlich wie die Gleichstrom-Hauptstrommotoren, mit niedriger Tourenzahl bei starker und hoher bei schwacher Belastung. Bei Leerlauf gehen sie durch. Diejenigen unter ihnen, die mit einem kurzgeschlossenen Anker arbeiten, der gar nicht mit der Zuleitung verbunden ist, wie die Motoren nach Fig. 100, 103, 104, heißen auch Repulsionsmotoren. Werden diese Repulsionsmotoren mit Hochspannung betrieben, so braucht man keinen Transformator, da der Anker nicht mit der hohen Spannung in Berührung kommt, während alle übrigen Motoren, mit Ausnahme der in Fig. 98 und 102, einen Transformator zur Herabsetzung der Spannung erhalten müssen,

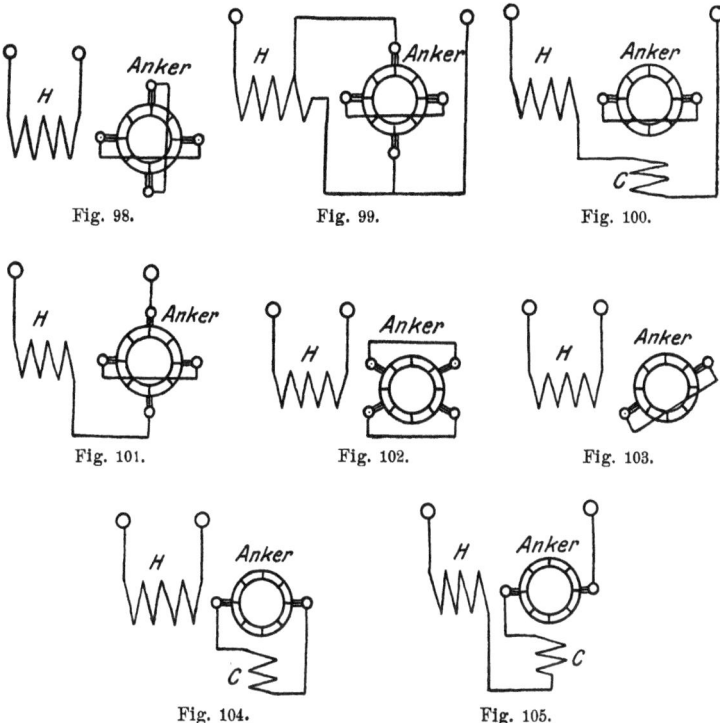

Fig. 98—105. Verschiedene Formen von Einphasen-Kommutatormotoren.

weil der Kollektor Hochspannung nicht zuläßt. Der Motor nach Fig. 100 ist ein Reihen-Kurzschlußmotor nach Atkinson, der mit Kompensationswickelung C versehen ist und von den Bergmann-E.-W. für Straßenbahnzwecke angewendet wird. Fig. 101 ist ein Reihen-Kurzschlußmotor nach Winter-Eichberg-Latour, den die Allgem. Elektrizitäts-Gesellschaft ausführt. Fig. 102 zeigt den Deri-Motor von Bergmann-E.-W., der sich durch die Verschiebung der beweglichen Bürsten vermittels Handrades nach Fig. 106 auszeichnet. Die Bürsten b_1 stehen fest, während die Bürsten b_2 verschiebbar sind. Fig. 103 ist der Repulsionsmotor nach Elihu Thomson und Fig. 104 der Atkinson Repulsionsmotor, der wieder eine Kompen-

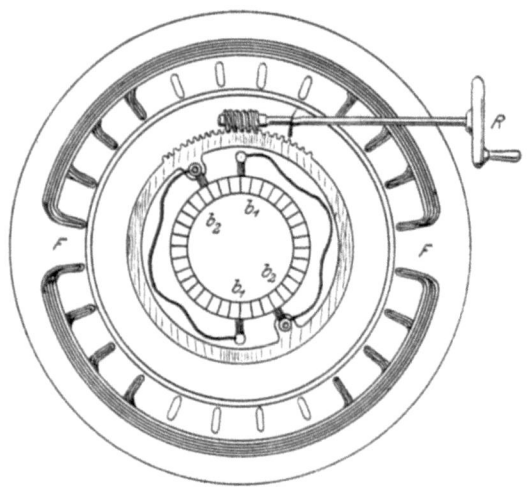

Fig. 106. Tourenregelung durch Bürstenverschiebung bei Repulsionsmotoren.

sationswickelung C besitzt. In Fig. 105 ist der gewöhnliche Reihenschlußmotor mit Kompensationswickelung C. Wie die Wickelungen

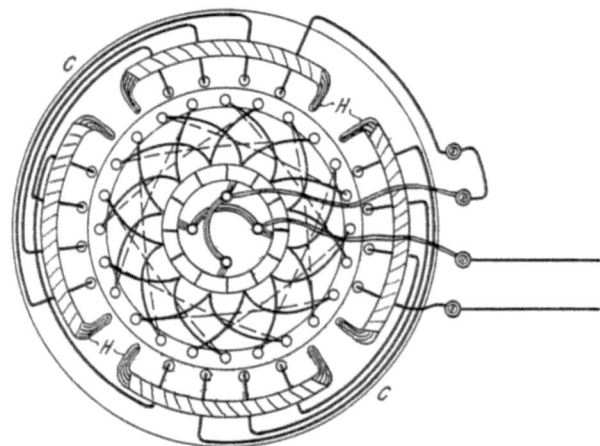

Fig. 107. Anordnung der Wickelung des Motors nach Fig. 105.

bei diesem Motor auf dem Feld untergebracht sind, zeigt Fig. 107. Dort ist H die Hauptwickelung des Feldes und C die Kompensationswickelung. In ähnlicher Weise sind die einphasigen Kollektormotoren gewöhnlich ausgeführt. Sie haben meist nicht ausgeprägte Pole, nur die für Lokomotiven bestimmten Motoren, die mit etwa 30 Stromwechseln betrieben werden, erhalten richtige Pole und Wendepole.

Die Repulsionsmotoren können meist ohne Anlasser auf die einfachste Weise durch Verschiebung der Bürsten angelassen werden. Auch die Änderung der Tourenzahl und die Umschaltung der Drehrichtung geschieht alles durch Verschiebung der Bürsten. Diese Bürstenverschiebung geschieht bei den Motoren von Bergmann-E.-W. nach Fig. 106 mit Handrad. Bei den Siemens-Schuckert-Motoren durch direkte Verschiebung der Bürstenbrücke, die mit fest schraubbarem Griff versehen ist oder durch einen Hebel, der vermittels eines Gestänges mit dem Bürstenträger gekuppelt ist. Die regelbaren Repulsionsmotoren der Siemens-Schuckert-Werke mit verschiebbarem Bürstensatz lassen sich aufwärts bis 10 $^0/_0$ über die Normaldrehzahl, abwärts bis zur halben Normaldrehzahl durch Bürstenverschiebung regulieren. Die untere Drehzahlgrenze ist je nach der Belastung etwas verschieden. Geht man mit der Tourenzahl zu weit nach unten, so beginnt der Motor stärker zu feuern. Die zulässigen Grenzstellungen des Bürstenträgers, für Links- und Rechtslauf, sowie die Ausschaltstellung sind durch besondere Marken am Lager und am Bürstenträger gekennzeichnet. Beim Anlaufen tritt gewöhnlich etwas stärkeres Bürstenfeuer auf, deshalb sollen die Motoren nicht zu langsam angelassen werden. Auch bei zu schwacher Belastung kann infolge zu hoher Umlaufszahl stärkeres Bürstenfeuer eintreten, dem man dann durch Verschieben der Bürsten abhilft.

Die Motoren können auch mit Anlassern angelassen werden, die dann in die Zuleitung zu schalten sind. In den meisten Fällen sind sie überflüssig. Sie können aber von Elektrizitätswerken zur Vermeidung plötzlicher Stromstöße beim Anlassen vorgeschrieben werden, um ein Zucken des Lichtes in der Nachbarschaft des Motors zu verhindern. Ein Wendeanlasser ist aber niemals nötig, weil das Ändern der Umlaufsrichtung durch Bürstenverschiebung erfolgt. Die Bürsten werden bei Verwendung eines Anlassers nicht verschoben, sondern stehen immer in der für Links- oder Rechtslauf bestimmten Betriebsstellung. Sie dienen dann nur zu einer Änderung der Drehzahl.

Kommutatormotoren für Dreiphasenstrom.

Auch für Dreiphasenstrom können Kommutatormotoren benutzt werden. Da aber der schon auf S. 63 beschriebene asynchrone Drehfeldmotor ziemlich einfach ist und zufriedenstellend arbeitet, benutzt man Kollektormotoren bei Dreiphasenstrom nur, wenn die Tourenzahl des Motors geändert werden muß. Die Tourenänderung geschieht hier auch wieder, wie bei den einphasigen Kommutatormotoren, meist durch Bürstenverschiebung. Man kann auch hier Reihenschlußmotoren und Motoren mit Nebenschlußeigenschaften unterscheiden, die sich im Betriebe wie der Gleichstrom-Hauptstrommotor zum Gleichstrom-Nebenschlußmotor verhalten. Beim Reihenschlußmotor liegen Feld und Läufer hintereinander. Da der Kommutator keine Hochspannung verträgt, so muß, da gewöhnlich Hochspannung verwendet wird, ein Transformator vorgeschaltet werden. Dieser Transformator kann als Zwischentransformator oder als Vordertransformator ge-

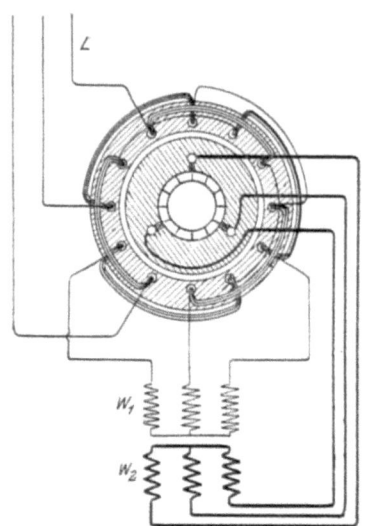
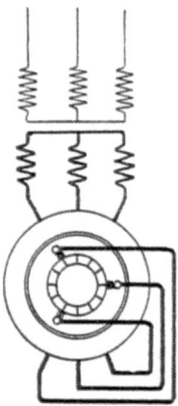

Fig. 108. Dreiphasenreihenschlußmotor mit Zwischentransformator.

Fig. 109. Dreiphasenreihenschlußmotor mit Vordertransformator.

schaltet werden. Der in Fig. 108 dargestellte Motor ist mit vierpoliger Feldwickelung ausgeführt, die durch die Zuleitung L Hochspannung erhält. Anker und Feld sind hintereinander geschaltet, aber mit Zwischenfügung eines Zwischentransformators, der die Hochspannung aus W_1 in der Wickelung W_2 in Niederspannung umsetzt, die dann dem Anker zugeführt wird. Will man auch dem Feld keine Hochspannung zuführen, was bei kleineren Motoren zu empfehlen ist, so wendet man die Schaltung nach Fig. 109 an, wo der Transformator vor den ganzen Motor geschaltet ist.

Zur Erzielung eines größeren Tourenänderungsbereiches (bis zu 130 % der normalen, während die gewöhnliche Grenze etwa 50 % beträgt) unterteilen die Siemens-Schuckert-Werke A.-G. die Bürsten

Motoren für Wechselstrom.

in zwei Gruppen, wie Fig. 110 zeigt. Die eine Gruppe der Bürsten bleibt fest stehen, die andere ist beweglich und dient zum Anlassen und Tourenregeln. Trotz ihres Reihenschluß-Charakters kann man diese Motoren zum Antrieb von Hobelbänken und ähnlichen Werkzeugmaschinen benutzen, bei denen die Reibung der bewegten Massen im Verhältnis zur Bearbeitung des Werkstückes groß ist. Der Leistungsverbrauch einer solchen Werkzeugmaschine bei Arbeit und Leergang ist derartig, daß der Motor bei Leergang wegen der hohen Reibungsarbeit der Maschine mit nur wenig höherer Tourenzahl läuft, als bei Vollast.

Die Firma Brown und Boveri führt für Dreiphasenstrom den Doppelpulsionsmotor nach Fig. 111 aus, der eigentlich aus zwei miteinander verbundenen Einphasenrepulsionsmotoren $M_1\ M_2$ besteht. Die Ma-

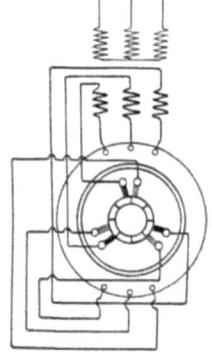
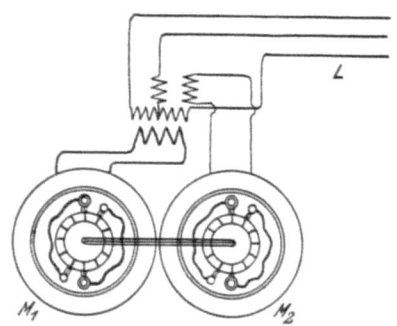

Fig. 110. Dreiphasenreihenschlußmotor der Siemens-Schuckert-Werke.

Fig. 111. Doppelrepulsionsmotor von Brown und Boveri.

schine hat zwei auf einer Welle sitzende Anker, deren Feldsysteme ganz eng zusammengerückt sind. Durch die dreiphasige Leitung L wird der Strom zugeführt, während jeder der beiden Motoren für sich, durch den vorgeschalteten Scott-Transformator einphasigen Wechselstrom erhält. Der Motor verhält sich im Betrieb wie der Gleichstrom-Hauptstrommotor.

Während alle bisher besprochenen Dreiphasen-Kollektormotoren die Eigenschaften des Gleichstrom-Hauptsrommotors haben, also bei starker Belastung langsam, bei schwacher rasch laufen und bei Leergang meistens durchgehen, also durch Fliehkraftregler oder Zwischentransformatoren, die auch das Durchgehen verhindern, geschützt werden müssen, besitzt der in Fig. 112 dargestellte Kommutatormotor von Winter-Eichberg, den die Allgemeine Elektrizitäts-Gesellschaft ausführt, die Betriebseigenschaften des Gleichstrom-

Nebenschlußmotors, allerdings mit nicht ganz konstanter Tourenzahl zwischen Vollast und Leerlauf. Auch hier liegt ein Transformator $W_1 W_2$ vor dem Anker, der aber jetzt parallel zum Feld geschaltet ist. Die Sekundärwickelung W_2 ist als Regeltransformator zum Anlassen und Tourenregeln ausgebildet und in einzelne Abteilungen geteilt, von denen Ableitungen zu Kontakten führen, auf denen Kurbeln gleiten, also wie die Kontaktbahn eines Anlassers. In Fig. 112 sind die verschiebbaren Kontakte K gleich auf der Wickelung W_2 verschiebbar gezeichnet. Bei einer neueren Ausführung des Motors wird der Transformator dadurch vermieden, daß die Feldwickelung in mehrere Abteilungen zerlegt ist, wie die Fig. 137 und 138 zeigen. Man kann nämlich zum Anlassen und Tourenregeln entweder dem Anker verschiedene Spannung zuführen, wie die Methode nach Fig. 112 zeigt, wo der Regeltransformator die Ankerspannung ändert (je höher dieselbe, um so schneller läuft der Motor) oder aber man ändert das Verhältnis der Feldwindungen (je höher letztere zu den Ankerwindungen sind, um so höher die Tourenzahl). Diese letzte Methode erfordert dann, wie die Figuren zeigen, eine Schaltwalze.

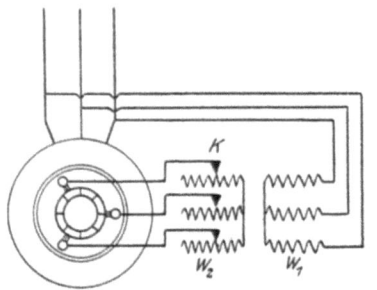

Fig. 112. Dreiphasennebenschlußmotor von Winter-Eichberg.

Bei den Reihenschlußmotoren Fig. 108, 109, 110, 111 geschieht das Anlassen durch Bürstenverschiebung (vgl. Betriebsvorschriften Fig. 135, 136). Zum Umkehren der Drehrichtung verschiebt man die Bürsten um eine volle Polteilung nach der anderen Seite und vertauscht ebenso, wie bei den asynchronen Drehfeldmotoren Fig. 93, zwei Zuleitungen zum Feld. Um bei Motoren mit häufig wechselnder Umlaufsrichtung das Vertauschen einfacher ausführen zu können, erhalten sie Schaltwalzen, wie sie Fig. 136 zeigt. Zweckmäßig kann man dabei die Walze mit dem Motor zusammenbauen, so daß dann das mit dem Vertauschen der Zuleitungen erforderliche Verschieben der Bürsten mit einem Hebel oder einem Handrad zugleich besorgt werden kann.

Die Nebenschlußmotoren, wie der Winter-Eichberg-Motor, erhalten besondere Wendeschaltwalzen (vgl. Fig. 138), die das Ändern der Feldwindungszahl zum Anlassen und Tourenregeln sowie das Umschalten ermöglichen.

IX. Elektrische Stromerzeugungsanlagen.
Allgemeine Eigenschaften der Maschinen für Akkumulatoren.

Abgesehen von der Stromart, ob Gleich- oder Wechselstrom, kann man zwischen reinem Maschinenbetrieb und Maschinen mit Akkumulatoren unterscheiden. Allerdings sind Anlagen für Wechselstrom mit Akkumulatoren ziemlich selten und brauchen hier, da vorwiegend kleinere Anlagen besprochen werden sollen, nicht weiter erwähnt zu werden. Gewöhnlich sind aber in einer Anlage immer mehr als eine Maschine vorhanden, oder bei Gleichstrom wenigstens Akkumulatoren neben der Maschine. Die Hauptschwierigkeiten treten nun bei mehreren Maschinen sowohl, als auch bei Maschinenanlagen mit Akkumulatoren beim Parallelschalten, beim Verteilen der Belastung und beim Abschalten auf. Im zweiten Teil, Betriebsvorschriften für Anlagen, wird genauer darauf hingewiesen. Hier soll nur allgemein gesagt werden, daß die Zusammenschaltung immer möglichst ohne Strom der zuzuschaltenden Stromquelle erfolgen muß, ebenso das Abschalten. Zum Herbeiführen des stromlosen Zustandes dient bei Maschinen der Regler und bei Akkumulatoren der Zellenschalter. Bei Anlagen mit Akkumulatoren können je nach der Schaltung und der Größe der Batterie im Verhältnis zur Maschine entweder die nachstehenden drei Betriebszustände: 1. Maschine und Batterie arbeiten zusammen; 2. Maschine ladet die Batterie, gleichzeitig liefert letztere Strom ins Netz; 3. Maschine ist still gesetzt, Batterie arbeitet allein; auftreten. Der Fall 1 und auch Fall 2 ist nicht immer möglich. Für den Fall 2 muß die Maschine auf alle Fälle die Batterie mit höherer Spannung laden können. Kann sie es nicht, so ist eine Stromlieferung ins Netz während der Ladung nicht möglich, wenn nicht eine Zusatzmaschine vorhanden ist, die zur Ladung (vgl. Fig. 146) mit der Hauptmaschine hintereinander geschaltet wird. Man kann auch die Batterie in zwei parallele Hälften schalten (vgl. Fig. 145) und dann mit niedrigerer Spannung laden. Dann ist aber eine Stromlieferung ins Netz während der Ladung unmöglich. Soll die Maschine die Batterie laden können, während diese gleichzeitig das Netz mit Strom versorgt, so muß sie eine Spannungserhöhung um etwa 75 % möglich machen. Wie schon früher gezeigt war, werden die Akkumulatoren zum Schluß der Ladung gewöhnlich mit 2,5 Volt, ab und zu aber mit 2,75 Volt geladen. Da die niedrigste Entladespannnng 1,7 Volt beträgt, so müssen $\frac{110}{1,7} = 65$ Zellen für eine 110 Voltanlage vorhanden sein und in dem Fall der normalen Ladung muß die Maschine 65 . 2,5 =

165 Volt, in dem Ausnahmefall, für den sie eingerichtet sein muß, aber sogar $65 \cdot 2{,}75 = 178{,}5$ Volt liefern können. Eine Maschine zum Betrieb mit Akkumulatoren muß also besonders berechnet und ausgeführt werden. Die Spannungserhöhung läßt sich mit dem Regler und auch häufig durch Erhöhung der Umlaufszahl der Antriebsmaschine (Dampf- oder Gasmaschine) erreichen. Im letzten Fall besitzt der Regler der Kraftmaschine eine Vorrichtung zum Erhöhen der Tourenzahl. Liefert die Maschine nur 110 Volt, so muß eine Zusatzmaschine für eine veränderliche Spannung von 0 bis etwa 70 Volt aufgestellt werden.

Diese Zusatzmaschine ist immer wesentlich kleiner als die Hauptmaschine, weil sie geringere Spannung zu liefern hat und auch geringeren Strom. Denn sie wird nur bei der Ladung der Batterie benutzt und die Batterie ist höchstens für $^1/_8$ des Stromes eingerichtet, den die Hauptmaschine bei voller Belastung geben kann. Der Antrieb einer Zusatzmaschine erfolgt entweder mit Riemen von der Kraftmaschine aus, die auch die Hauptmaschine antreibt, oder aber durch einen Elektromotor, mit dem sie dann direkt gekuppelt ist. In neueren Anlagen vermeidet man Zusatzmaschinen, indem man die Hauptmaschine für Spannungserhöhung einrichtet. Wenn man aber zu einer gewöhnlichen Maschine, die keine zum Batterieladen erforderliche Spannungserhöhung zuläßt, nachträglich eine Batterie hinzufügt, und man muß während der Ladung Strom ins Netz liefern können, dann wird eine Zusatzmaschine notwendig. Die Schaltung dafür zeigt Fig. 146, dort ist ZM die Zusatzmaschine, M die Hauptmaschine.

Wie schon früher erwähnt, benutzt man bei Akkumulatoren fast nur Nebenschlußmaschinen. Hauptstrommaschinen sind überhaupt nicht möglich, höchstens noch Kompoundmaschinen. Aber da diese doch einen Regler erhalten müssen, der nicht nur zum Ein- und Ausschalten dient, sondern auch während des Betriebes die Belastung verteilen muß, so ist kein großer Unterschied gegen die Nebenschlußmaschine bezüglich der Bedienung vorhanden. Außerdem arbeiten die Nebenschlußmaschinen in Anlagen mit Akkumulatoren als Maschinen mit fremder Erregung, weil ihr Magnetstrom von der durch die Batterie konstant gehaltenen Sammelschienenspannung erzeugt wird. Eine Maschine mit Fremderregung verhält sich ähnlich, wie eine Nebenschlußmaschine, nur sinkt ihre Spannung bei Belastungszunahme nicht so stark, wie bei der reinen Nebenschlußmaschine, da bei dieser die eigene veränderliche Klemmenspannung den Magnetstrom erzeugt. Es hat also die fremd erregte Nebenschlußmaschine nicht so häufiges Regulieren nötig, als die reine Nebenschlußmaschine und dadurch wird der Unterschied gegen die Kompoundmaschinen noch geringer.

Dreileiteranlagen.

Die bisher besprochenen und in den Fig. 139—150 behandelten Schaltungen sind nach dem Zweileitersystem ausgeführt und gelten deshalb nur für Anlagen auf wenig ausgedehntem Gebiet. Für Ortschaften führt man viel häufiger das Dreileitersystem aus, dessen Prinzip Fig. 113 zeigt. Es sind zwei Maschinen so miteinander verbunden, daß zwischen den beiden dick gezeichneten Außenleitern die Summe der beiden Maschinenspannungen herrscht. Hat jede Maschine wie gewöhnlich gleiche Spannung, z. B. 110 Volt, so herrscht zwischen den Außenleitern 220 Volt.

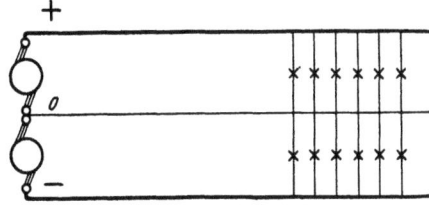

Fig. 113. Dreileiterschaltung.

Außer den beiden Außenleitern ist noch eine dritte dünne Leitung, die Ausgleichsleitung oder Nulleitung vorhanden, die zwischen beiden Maschinen angeschlossen ist. Diese Nulleitung würde, wenn zwischen + und 0 und 0 und —, also in den beiden Netzhälften gleiche Belastung herrschte, vollständig stromlos und demnach überflüssig sein. In Wirklichkeit wird natürlich niemals genau gleiche Belastung in beiden Netz-

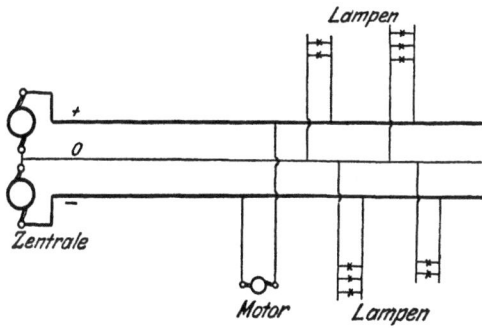

Fig. 114. Verteilung der Anschlüsse im Dreileitersystem.

hälften auftreten, dann muß der Nulleiter den Unterschied des Stromes in beiden Außenleitern führen. Die Verteilung der Anschlüsse bei den einzelnen Stromabnehmern erfolgt nach Möglichkeit immer so, daß beide Netzhälften gleichmäßig belastet sind. Wie Fig. 114 zeigt, schließt man die Motoren meist zwischen die Außenleiter an, so daß durch sie keine Belastungsunterschiede in beiden Netzhälften entstehen können. Die Lampen verteilt man möglichst gleichmäßig auf beide Netzhälften. Da man aber doch nicht genau gleiche Belastung erhält, muß man dem Nulleiter $\frac{1}{3}$ des Querschnittes der Außenleiter geben. Die Vorteile des Dreileitersystems liegen in der billigeren Leitung. Durch Hinzufügen einer zweiten Maschine verdoppelt man die Leistung, man würde also gewissermaßen 2 Anlagen haben, deren jede aber bei getrennter Ausführung zwei Leitungen, im ganzen also vier erforderlich macht, jede Leitung mit dem starken Querschnitt der Außenleiter; hat ein Außenleiter z. B. 60 mm² Querschnitt, so würde man für zwei Zweileiter-Anlagen vier Leitungen, also zusammen 240 mm² gebrauchen. Bei Dreileiter leitet man dieselbe Energiemenge wie bei zwei Zweileiteranlagen mit 2.60, also 120 mm² für die Außenleiter und noch $\frac{1}{3}$. 60 = 20 mm² für den Nulleiter, im ganzen also mit 140 mm² fort.

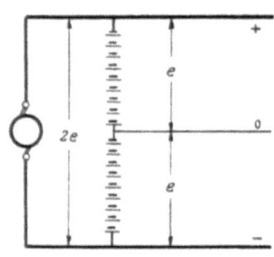

Fig. 115. Dreileiter mit Nulleiter aus der Batterie.

Bei Verwendung von Akkumulatoren legt man den Nulleiter an die Batterie und führt die Maschine nach Fig. 115 für die Außenleiterspannung aus. Ist z. B. in den beiden Netzhälften die Spannung $e = 110$ Volt, so wird die Maschine für 220 Volt ausgeführt. Für die Ladung der Batterie muß sie in diesem Fall um 75 % höhere Spannung, also fast bis 400 Volt liefern können. Jede Batteriehälfte, die für 110 Volt sein muß, hat ihren besonderen Zellenschalter nötig. Ein Nachteil dieser Schaltung ist, daß bei ungleicher Belastung der Netzhälften die beiden Batteriehälften ungleich entladen werden. Da aber bei der Ladung beide Hälften immer nur gleichzeitig geladen werden können, wird die weniger belastete Batteriehälfte immer überladen. Man kann dies allerdings teilweise durch Vertauschen der Batteriehälften vermeiden, indem einmal die linke Batteriehälfte auf die linke Netzseite, das andere Mal dieselbe auf die rechte Netzseite geschaltet wird und umgekehrt die rechte Batteriehälfte.

Besser vermeidet man diesen Nachteil durch Ausgleichsmaschinen, wie sie Schuckert, Siemens & Halske und andere Firmen ausführen. Hierbei wird der Nulleiter nur noch zu den Ausgleichsmaschinen geleitet, wie aus dem Schema Fig. 116 hervorgeht, wo D_1 und D_2 die beiden Ausgleichsmaschinen sind. Da sie nur die Belastungsunterschiede auszugleichen haben, so fallen sie sehr klein aus. Sie brauchen, wie der Nulleiter, höchstens $\frac{1}{3}$ des Stromes in den Außenleitern bei der halben Spannung zu liefern, also $\frac{1}{6}$ der ganzen Wattleistung. Man führt sie schnellaufend aus und kuppelt sie miteinander. Von den beiden Ausgleichsmaschinen läuft immer diejenige, welche in der augenblicklich schwächer belasteten Netzhälfte liegt, als Motor und treibt die in der anderen, stärker belasteten Hälfte liegende Ausgleichsmaschine an, so daß diese als Generator arbeitet und den Belastungsausgleich herbeiführt. Man braucht nur die beiden Maschinen, von denen eine wie ein Motor angelassen wird, laufen zu lassen, der Belastungsausgleich vollzieht sich dann ganz selbsttätig. Es ist natürlich ein Doppelzellenschalter

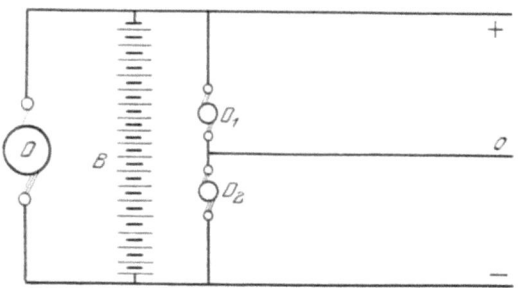

Fig. 116. Dreileiteranlage mit Ausgleichsmaschinen.

für die Batterie nötig und gewöhnlich zwei Sätze Ausgleichsmaschinen, die dann, da die Ausgleichsmaschinen fortwährend arbeiten müssen, abwechselnd eingeschaltet werden.

Wechselstromanlagen.

Etwas abweichend von den Gleichstromanlagen müssen die Wechselstromanlagen ausgeführt werden. Während beim Parallelschalten von Gleichstrommaschinen nur auf gleiche Spannung zu achten ist, muß man bei Wechselstrommaschinen außerdem noch auf gleiche Phase achten. Wenn auch das Wechselstromvoltmeter gleiche Spannung für beide Maschinen zeigt, so können doch beide Maschinen nicht in gleicher Phase sein, d. h. ihre Stromrichtungen passen nicht zusammen. Ebenso wie man bei Gleichstrom zwei Stromquellen nur parallel schalten kann, indem man gleiche Pole verbindet, so müssen bei Wechselstrom, wo die Pole 100 mal in der Sekunde wechseln, die miteinander verbundenen Pole gleich sein. Um dies zu erkennen, benutzt man einen Phasenindikator, der im einfachsten Fall aus Glühlampen besteht. In Fig. 117 sind diese Lampen mit L bezeichnet. Will man, wenn schon eine Maschine läuft, die zweite dazu parallel schalten, so schließt man zunächst, wenn die zweite

Maschine läuft und erregt ist, den kleinen Schalter h und verbindet dadurch beide Maschinen mittels der Lampenleitung. Die Lampen stehen unter dem gleichzeitigen Einfluß der Spannungen beider

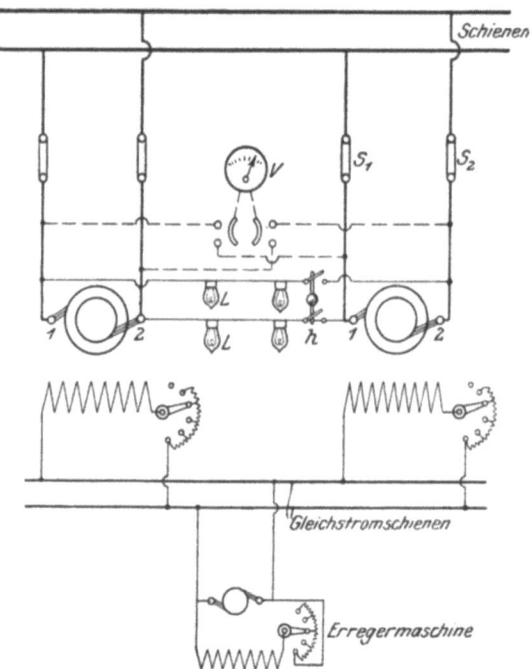

Fig. 117. Einphasenmaschinen mit Phasenlampen.

Maschinen, welche aber nicht in gleichem Takt laufen, sondern gewöhnlich läuft die zuzuschaltende Maschine etwas rascher als die schon arbeitende, weil sie noch leer läuft. Es treten dabei aber immer mit regelmäßiger Wiederkehr Perioden ein, wo beide Maschinen

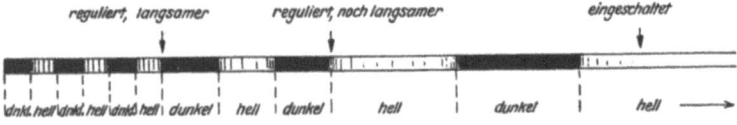

Fig. 118. Verhalten der Phasenlampen vor dem Parallelschalten.

gleiche Polarität oder Phase haben, dann leuchten die Lampen auf und ebenso folgen auf jedes Aufleuchten gleich lang andauernde Dunkelheiten (Fig. 118). Sind die Unterschiede im Umlauf beider Maschinen groß, so flackern die Lampen stark, weil die Hell-Dunkelperioden nur kurz sind. Man reguliert dann am Regulator der Kraftmaschine die Tourenzahl auf einen etwas langsameren Wert, dann werden die Hell-Dunkelperioden länger und schliesslich findet man, wenn man die Tourenzahl richtig beeinflußt, daß zuletzt sehr lange Perioden hell, dunkel auf einander folgen. Mitten in einer solchen langen Periode „hell" schaltet man die Maschinen parallel, indem man beide Hebel S_1 und S_2 (Fig. 117) schließt. Genaueres über das Parallelschalten und die Belastungsverteilung soll später gesagt werden (vgl. Fig. 141). Man kann die Phasenlampen auch durch besondere Instrumente ersetzen, die dem Maschinisten zeigen, ob die zuzuschaltende Maschine zu langsam oder zu schnell oder synchron läuft. Hierbei ist natürlich die Parallelschaltung sehr einfach.

In Hochspannungsanlagen erhalten die Phasenlampen ebenso wie die Meßinstrumente (vgl. Fig. 142) kleine Transformatoren.

Ferner ist noch zu bemerken, daß die Wechselstromgeneratoren jeder seine eigene Gleichstromerregermaschine haben können, wie in Fig. 42 und 142, oder man führt eine besondere kleine Gleichstromanlage mit Sammelschienen aus, an welche die Magnetwickelungen der Wechselstrommaschinen mit besonderen Reglern angeschlossen werden wie in Fig. 141.

Arbeitsübertragung mit Gleichstrom-Hauptstrommaschinen.

Eine besonders einfache aber seltene Art von Arbeitsübertragung ist die mit Gleichstrom-Hauptstrommaschinen (Fig. 119).

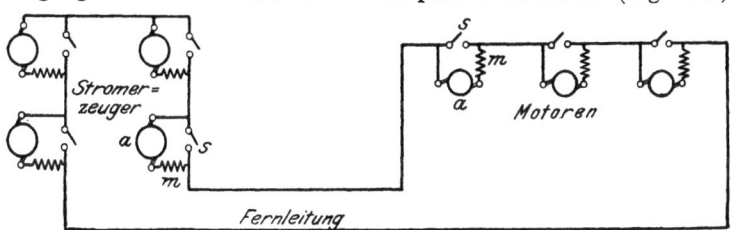

Fig. 119. Arbeitsübertragung mit Hauptstrommaschinen.

Man wendet sie deswegen selten an, weil sie sich nicht für Energieverteilung eignen, sondern nur für Übertragung von einer ungünstig gelegenen Energiequelle (meist Wasserkraft) nach einem einzigen Verbrauchspunkt. Außerdem ist es ohne besondere Umformer nicht möglich, Licht zu brennen, weil diese Anlagen mit veränderlicher und nicht, wie sonst alle anderen Anlagen, mit konstanter Spannung arbeiten. Gewöhnlich sind es Hochspannungsanlagen, die außer der Compagnie de l'Industrie Electrique in Genf andere Firmen wohl noch nicht ausgeführt haben. Da man Gleichstrommaschinen wegen der Kollektoren nicht gern für mehr als 2000 Volt ausführt, muß man zur Erzielung einer genügend hohen Gesamtspannung mehrere Maschinen hintereinander schalten. Wenn die Anlage schwach belastet ist, läßt man nur einen oder wenige der Motoren laufen und schließt die übrigen, die ausgeschaltet werden sollen, durch die parallelen Schalter S kurz. Ebenso schaltet man die Stromerzeuger durch Einschalten der Schalter S aus, nachdem man vorher ihre Antriebsmaschine stillgesetzt hat.

Die Motoren haben in diesem Fall keine Anlasser nötig, denn sie laufen an, sobald die Stromerzeuger in Gang gesetzt werden und Spannung geben. Da die Stromerzeuger Hauptstrommaschinen sind, müssen sie, um sich selbst erregen zu können, einen geschlossenen Stromkreis haben, wie schon früher gesagt war. Die Ingangsetzung der Anlage geschieht etwa in folgender Weise: Der Maschinenwärter bei den Motoren öffnet die Motorenschalter und telephoniert nach der Stromerzeugerstation. Dort öffnet der Maschinist ebenfalls die Maschinenhebel und stellt die Turbinen an. Die Maschinen laufen dann sämtlich an. Es sind daher in solchem System nur wenig Apparate und Meßinstrumente nötig. Natürlich müssen Volt- und Amperemeter vorhanden sein, um zu erkennen, ob die Anlage stark oder schwach belastet ist und um danach die Anzahl der arbeitenden Maschinen zu bestimmen. Außerdem haben in einer Arbeitsübertragung zwischen Hauptstromgenerator und Hauptstrommotor die Motoren die Eigentümlichkeit, mit konstanter Umdrehungszahl zu laufen, gleichgültig, ob sie stark oder schwach belastet sind. Früher war gezeigt worden, daß der Hauptstrommotor um so langsamer läuft, je stärker er belastet wird, dies ist aber nur der Fall, wenn der Motor, wie es allerdings in gewöhnlichen Zentralen für Licht und Kraft immer geschieht, konstante Spannung erhält. Ein Hauptstromgenerator liefert aber bei starker Stromstärke hohe Spannung, folglich erhält bei dieser Arbeitsübertragung der stark belastete Motor eine höhere Spannung als der schwach belastete. Da aber die Umdrehungszahl bei höherer Spannung größer ist als bei niedriger, läßt es sich einrichten, daß der Hauptstrommotor bei allen Belastungen in diesem Übertragungssystem mit konstanter Umlaufszahl arbeitet. Ein Durchgehen kann natürlich auch nicht eintreten und in diesem System kann der Hauptstrommotor auch solche Maschinen antreiben, die man in gewöhnlichen Anlagen mit Nebenschlußmotoren antreiben muß.

Windkraftanlagen für Elektrizitätserzeugung.

Anlagen, welche die Windkraft ausnutzen, sind erst in letzter Zeit mehr in Aufnahme gekommen. Die Schwierigkeit bei Ausnutzung des Windes liegt in der ungleichmäßigen Stärke desselben, es müssen deshalb stets Akkumulatoren mit der Maschine zusammenarbeiten. Die Firma: Vereinigte Windturbinenwerke, G. m. b. H., Dresden-Niedersedlitz führt zweckmäßige Windelektrizitätswerke aus, deren Schaltung aus Fig. 150 hervorgeht. Die Dynamo besitzt neben der Nebenschlußwickelung N eine Kompoundwickelung C, letztere ist aber nicht, wie bei den gewöhnlichen Kompoundmaschinen (vgl. Fig. 29 und 30), so geschaltet, daß sie die Magnete in gleichem Sinne magnetisiert, wie die Nebenschlußwickelung, sondern sie wirkt der Nebenschlußwickelung entgegen. Dadurch wird verhindert, daß bei starkem Winde, wo die Dynamo hohe Umlaufzahl hat, schädliche Überlastungen durch zu starken Strom auftreten können. Außerdem ist die Windturbine mit einer besonderen Regelung ausgerüstet, durch die sich das Windrad bei stärkerem Winde um so mehr mit seiner Fläche in die Richtung des Windes dreht, je stärker der Wind ist. Auch hierdurch wird eine zu hohe Umlaufzahl der Dynamo, die gewöhnlich vom Windrad aus durch Zahnräder angetrieben ist, vermieden. Ein weiterer wichtiger Apparat ist der selbsttätige Schalter mit Polarisationszelle. Beides ist der genannten Firma patentiert. Die Polarisationszelle (Fig. 150 Z) besitzt die Eigenschaft, nur Strom in einer Richtung hindurchzulassen. Sie ist so geschaltet, daß sie nur Strom aus der Maschine in die Batterie hindurchläßt, nicht aber umgekehrt Rückstrom aus der Batterie in die Maschine. Wenn dann die Spannung der Maschine beim Nachlassen des Windes sinkt, fällt der Eisenkern D des Schalters nach unten und der Schalter B, der die Kontakte K_1 und K_2 (Fig. 150) verbunden hatte, unterbricht die jetzt stromlose Leitung von der Maschine her. Sobald dann wieder stärkerer Wind weht, fließt Strom aus der Maschine durch die dünne Wickelung des Kernes D und die Zelle Z in die Batterie. Dieser Strom ist nur schwach, damit die Zelle klein ausfällt, die dünne Wickelung hat daher hohen Widerstand, aber infolge des Stromes wird von der dünnen Wickelung der Schalter B wieder gegen die Kontakte $K_1 K_2$ gedrückt und die Maschine ist jetzt durch die starke Leitung mit der Batterie verbunden, wodurch einmal die Zelle kurzgeschlossen, also stromlos wird, und infolge der starken Windungen der Eisenkern jetzt durch den starken Strom gehalten wird. Die Bedienung ist sehr einfach, sie ist später bei Fig. 150 auseinandergesetzt.

B. Betriebsvorschriften und Schaltungen für Motoren und Anlagen.

I. Motoren.

A. Gleichstrom-Hauptstrommotor, Schaltung nach Fig. 120.
1. **Anlassen:** Schließen des Schalters, langsames Drehen der Anlasserkurbel K aus der Ausschaltstellung 0 über die Anlaufkontakte *1, 2, 3* bis zum letzten Kontakt.

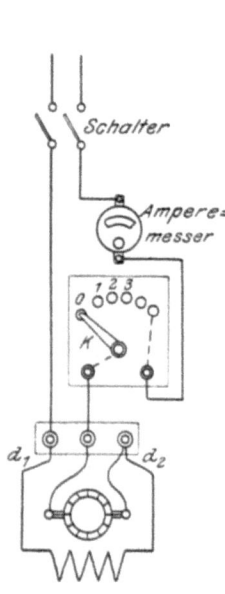

Fig. 120. Gleichstrom-Hauptstrommotor.

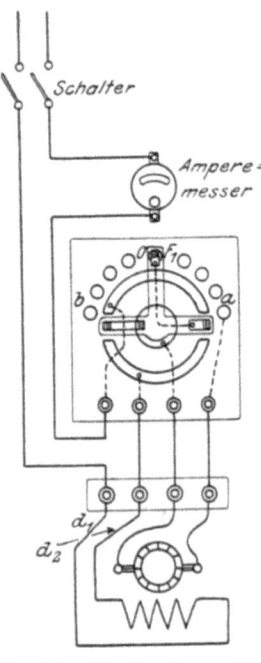

Fig. 121. Wendeanlasser für Gleichstrom-Hauptstrommotor.

2. **Stillsetzen:** Öffnen des Schalters. Zurückdrehen der Anlasskurbel K auf 0.
3. **Falsche Umlaufrichtung:** Vertauschen der Magnetdrähte d_1 und d_2 (Fig. 120).

Motoren. 93

4. **Wendeanlasser**: Schaltung nach Fig. 121 (vgl. Fig. 69).
   a) Anlassen: Schließen des Schalters, langsames Drehen der dreiteiligen Anlaßkurbel, bis F_1 von der Ausschaltstellung 0 nach a bei Rechtslauf oder nach b bei Linkslauf gedreht ist.
   b) Stillsetzen: Öffnen des Schalters, Zurückdrehen der Anlaßkurbel, bis F_1 auf 0 steht.
5. Regelung der Umlaufszahl: vgl. S. 51 und Fig. 70.

B. Gleichstrom-Nebenschlußmotor, Schaltung nach Fig. 122.
1. **Anlassen**: wie bei A. 1. auch für Schaltung Fig. 73 oder 74 gültig.

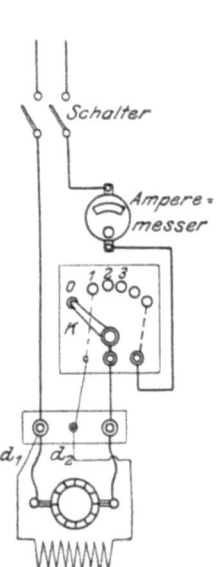

Fig. 122. Gleichstrom-Nebenschlußmotor.

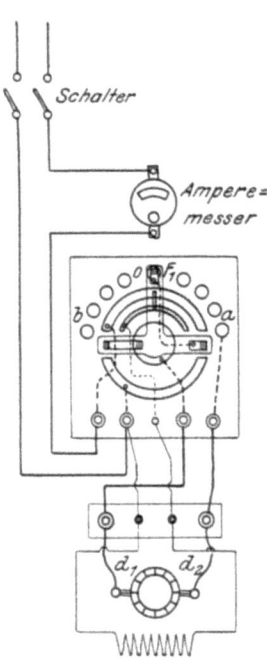

Fig. 123. Wendeanlasser für Gleichstrom-Nebenschluß.

2. **Stillsetzen**: wie bei A. 2. bei Schaltung Fig. 73 und 74: Öffnen des Schalters.
3. **Falsche Umlaufsrichtung**: wie bei A. 3.
4. **Wendeanlasser**: Schaltung nach Fig. 123 (vgl. Fig. 75).
   a) Anlassen: wie bei A. 4. a.
   b) Stillsetzen: wie bei A. 4. b.
5. Regelung der Umlaufszahl: vgl. S. 58 und die Fig. 76—80.

C. Dreiphasiger asynchroner Drehfeldmotor mit Käfigläufer (Kleinmotor). Schaltung nach Fig. 124.

94 Betriebsvorschriften und Schaltungen für Motoren und Anlagen.

1. **Anlassen**: Schließen des dreipoligen Schalters.
2. **Stillsetzen**: Öffnen des dreipoligen Schalters.
3. **Falsche Umlaufsrichtung**: Vertauschen zweier beliebiger Zuleitungen an den drei Klemmen *1, 2, 3* (vgl. Fig. 93).

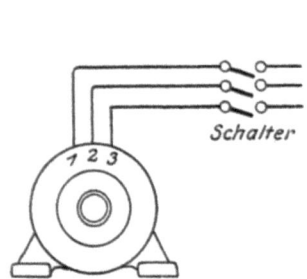

Fig. 124. Drehfeldmotor mit Käfigläufer.

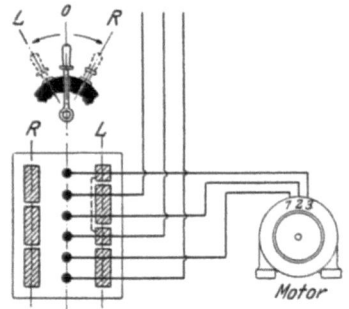

Fig. 125. Drehfeldmotor mit Käfigläufer und Wendeanlasser.

4. **Wendeschalter**: Schaltung nach Fig. 125 (vgl. Fig. 94).
   a) **Anlassen**: Drehen des Hebels aus der Ausschaltstellung *0* nach Links *L* oder Rechts *R*, je nach welcher Seite der Motor umlaufen soll.
   b) **Stillsetzen**: Zurückdrehen des Hebels auf *0*.

D. Dreiphasiger asynchroner Drehfeldmotor mit Käfigläufer und Stern-Dreieckschalter.
Schaltung nach Fig. 126 (vgl. Fig. 84).
1. **Anlassen**: Drehen des Hebels von *0* über *1* auf *2*.
2. **Stillsetzen**: Drehen des Hebels von *2* zurück auf *0*.

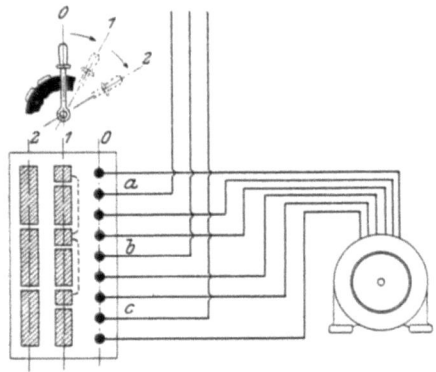

Fig. 126. Drehfeldmotor mit Stern-Dreieckschalter.

3. **Falsche Umlaufsrichtung**: Vertauschen zweier beliebiger Zuleitungen an der Schaltwalze. Z. B. *a* und *b*.
4. **Wendeschalter**: Schaltung nach Fig. 127.
   a) **Anlassen**: Drehen des Hebels aus der Ausschaltstellung *0* nach Links über L_1 nach L_2 oder nach Rechts

über R_1 nach R_2, je nach welcher Seite der Motor umlaufen soll.
b) Stillsetzen: Zurückdrehen des Hebels auf 0.

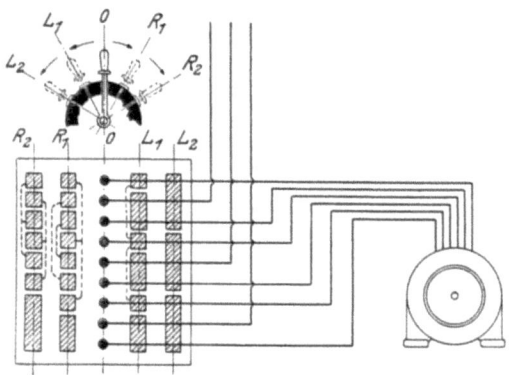

Fig. 127. Drehfeldmotor mit Stern-Dreieckwendeschalter.

E. Dreiphasiger asynchroner Drehfeldmotor mit Gegenschaltung (Görges). Schaltung nach Fig. 128 (vgl. Fig. 85, 88, 89).
1. Anlassen: Schließen des dreipoligen Schalters. Nach kurzer Zeit, wenn der Motor

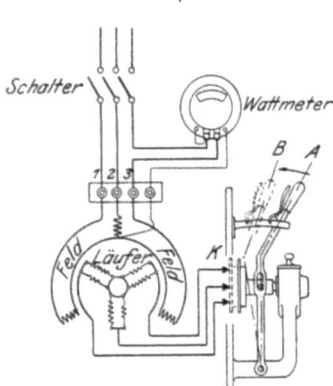

Fig. 128. Drehfeldmotor mit Gegenschaltung.

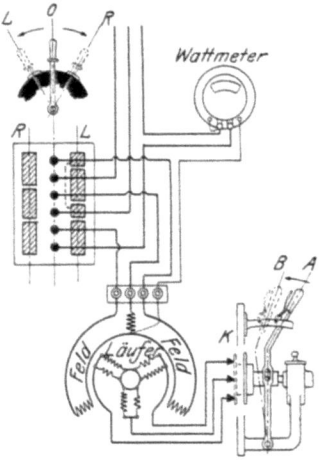

Fig. 129. Drehfeldmotor mit Gegenschaltung und Wendeschalter.

angelaufen ist, Drehen des Hebels aus Stellung A in Stellung B.
2. Stillsetzen: Öffnen des dreipoligen Schalters, Zurückdrehen des Hebels aus Stellung B nach Stellung A.
3. Falsche Umlaufsrichtung: wie bei C. 3.
4. Wendeschalter: Schaltung nach Fig. 129.

a) **Anlassen:** Walzenhebel von O nach L oder R, darauf Hebel am Motor von A nach B.

b) **Stillsetzen:** Walzenhebel auf O, darauf Motorhebel auf A.

F. **Dreiphasiger asynchroner Drehfeldmotor mit einstufigem Widerstand** (vgl. Fig. 86, 87). Alles wie bei vorigem Motor E. Nur kann an Stelle des Hebels ein Knopf an der Welle treten, wie in Fig. 87.

G. **Dreiphasiger asynchroner Drehfeldmotor mit Schleifringläufer.** Schaltung nach Fig. 130 (vgl. Fig. 90, 91, 92).

1. **Anlassen:** Schließen des dreipoligen Schalters. Langsames Drehen der Anlaßkurbel K von der Ausschaltstellung 0 über die Anlaufkontakte *1, 2, 3* bis auf den letzten Kontakt. Darauf, wenn Kurzschlußvorrichtung vorhanden (vgl. Fig. 91), Bewegung des Hebels aus Stellung A in Stellung B und Zurückdrehen der Anlaßkurbel auf Stellung 0. (Wenn keine Kurzschlußvorrichtung vorhanden, muß die Kurbel auf dem letzten Kontakt stehen bleiben.)

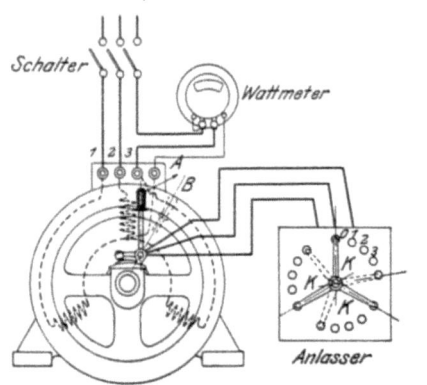

Fig. 130. Drehfeldmotor mit Schleifringläufer.

2. **Stillsetzen:** Öffnen des dreipoligen Schalters. Zurückdrehen der Anlasserkurbel. Bei Kurzschlußvorrichtung fällt das Zurückdrehen der Anlaßkurbel fort, dafür Zurückdrehen des Hebels aus Stellung B in Stellung A.

3. **Falsche Umlaufrichtung:** wie bei C. 3.

4. **Wendeanlasser:** Schaltung nach Fig. 131 (vgl. auch Fig. 95, 96).

a) **Anlassen:** Schließen des dreipoligen Schalters, Drehen der Anlaßkurbel, bis der Arm *a* von der Ausschaltstellung 0 auf den letzten Kontakt nach Links L oder Rechts R gedreht ist, je nach welcher Seite der Motor umlaufen soll. Darauf, wenn Kurzschlußvorrichtung vorhanden, Bewegung des Hebels und Zurückdrehen des Anlassers wie bei G. 1.

b) **Stillsetzen:** wie bei G. 2.

Motoren. 97

H. Einphasen-Induktionsmotor mit Kurzschlufsläufer (Kleinmotor) (vgl. Fig. 97, aber ohne Hilfswickelung und Drosselspule).

Fig. 131. Drehfeldmotor mit Schleifringläufer und Wendeanlasser.

1. **Anlassen:** Schließen des Schalters, Ziehen am Riemen des unbelasteten Motors. Ist er angelaufen, kann er belastet werden.
2. **Stillsetzen:** Öffnen des Schalters.
3. **Ändern der Umlaufsrichtung:** wie bei H. 1., je nach welcher Seite der Riemen gezogen wird, erfolgt der Umlauf.

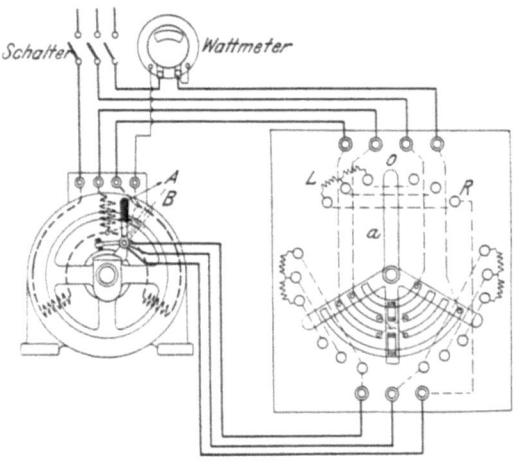

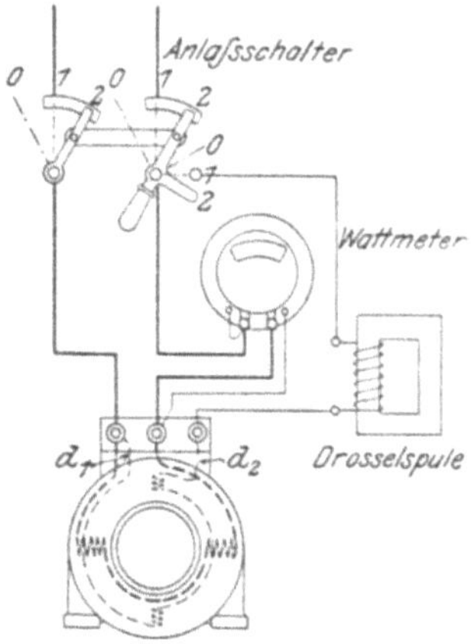

Fig. 132. Einphasen-Induktionsmotor mit Drosselspule und Hilfsphase.

J. Einphasen - Induktionsmotor mit Hilfsphase nach Schaltung Fig. 132 (vgl. Fig. 97).
1. **Anlassen:** Bewegen des Anlaßschalters aus Stellung *0* langsam über *1* nach *2*. Hierauf kann der Motor belastet werden.
2. **Stillsetzen:** Zurückdrehen des Anlaßschalters auf *0*.
3. **Falsche Umlaufsrichtung:** Vertauschen der Drähte d_1 d_2.
4. **Wendeschalter:** Schaltung nach Fig. 133.
   a) Anlassen: wie bei D. 4. a.
   b) Stillsetzen: wie bei D. 4. b.

Krause, Bedienung. 7

98 Betriebsvorschriften und Schaltungen für Motoren und Anlagen.

K. Kommutatormotor für Einphasenstrom, Schaltung nach Fig. 134 (vgl. Fig. 98—105).

1. **Anlassen:** Schließen des Schalters. Verschiebung des Bürstenträgers, bis der Griff von O nach Links L oder nach Rechts R so weit verdreht ist, bis der Motor läuft. (Die Verschiebung nach Links oder Rechts beeinflußt die Umlaufrichtung.)

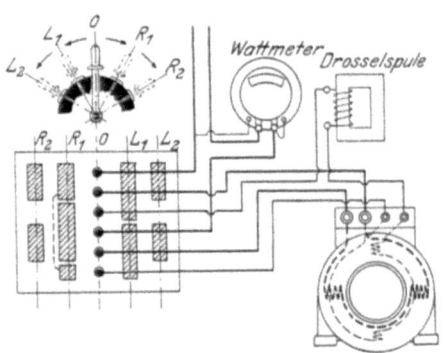

Fig. 133. Einphasen-Induktionsmotor mit Hilfsphase und Wendeschalter.

2. **Stillsetzen:** Öffnen des Schalters, Zurückschieben der Bürstenbrücke in die Nullage.

3. **Wenden der Umlaufsrichtung:** s. unter K. 1.

4. **Regelung der Umlaufszahl:** Weitere Verschiebung des Bürstenträgers, der nicht mit der Marke a über b_1 oder b_2 hinaus verschoben werden darf.

L. Kommutatormotor für Dreiphasenstrom mit Reihenschlußeigenschaft.
Schaltung nach Fig. 135 (vgl. Fig. 108—110).

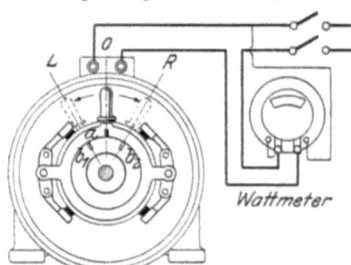

Fig. 134. Kommutatormotor für Einphasenstrom.

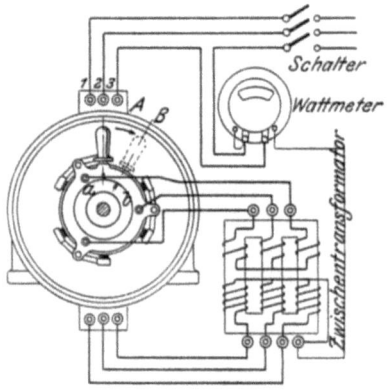

Fig. 135. Reihen-Kommutatormotor für Dreiphasenstrom.

1. **Anlassen:** Schließen des dreipoligen Schalters. Verschieben des Bürstenträgers, bis der Griff aus Stellung A nach Stellung B hin so weit verdreht ist, daß der Motor läuft.

2. **Stillsetzen:** Öffnen des dreipoligen Schalters, Zurückschieben des Bürstenträgers.
3. **Falsche Umlaufsrichtung:** wie bei C. 3., dazu außerdem beim Anlassen Verschiebung des Bürstenträgers nach der entgegengesetzten Seite.
4. **Wendeschalter:** Schaltung nach Fig. 136.
   a) Anlassen: Drehen des Hebels der Walze von O nach Links L oder Rechts R, je nach der gewünschten Umlaufsrichtung. Darauf Anlassen durch Verschieben des Bürstenträgers wie bei L. 1., je nach der Umlaufsrichtung von

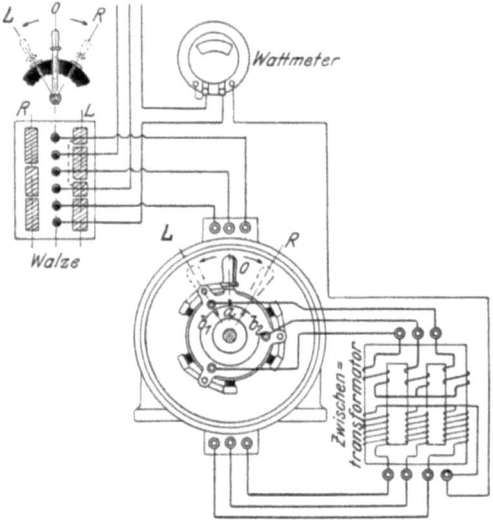

Fig. 136. Reihen-Kommutatormotor für Dreiphasenstrom mit Wendeschalter.

der Stellung O des Griffes nach Links L oder Rechts R, wobei so weit zu drehen ist, bis der Motor richtig läuft.
   b) Stillsetzen: Zurückdrehen des Hebels der Schaltwalze und darauf des Bürstenträgers in die Nullstellung.
5. **Regelung der Umlaufszahl:** Weitere Verschiebung des Bürstenträgers in Fig. 135 mit Marke a nicht über b, in Fig. 136 nicht über b_1 oder b_2 hinaus.

M. Kommutatormotor für Dreiphasenstrom mit Nebenschlußeigenschaft. (Winter-Eichberg, ausgeführt von der Allgemeinen Elektrizitäts-Gesellschaft.). Schaltung Fig. 137 (vgl. Fig. 112).
1. **Anlassen:** Drehen des Hebels an der Walze aus Stellung O, bis der Motor mit der gewünschten Umlaufszahl läuft. In

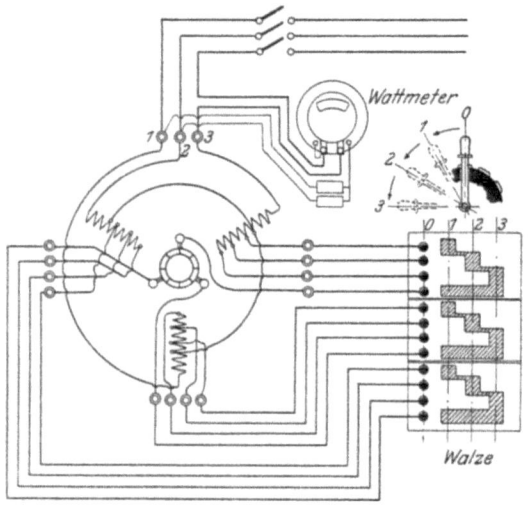

Fig. 137. Nebenschluß-Kommutatormotor (Winter-Eichberg, A. E.-G.).

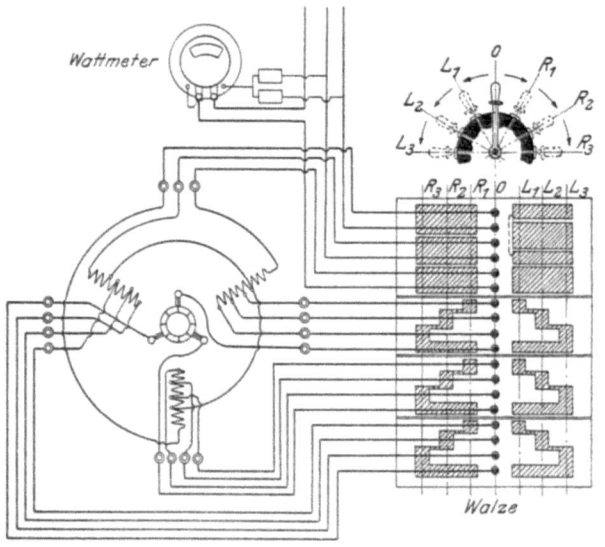

Fig. 138. Motor nach Fig. 137 mit Wendeschalter.

dieser Lage kann der Hebel stehen bleiben. (In Wirklichkeit sind noch mehr als 3 Stufen vorhanden.)
2. **Stillsetzen:** Zurückdrehen des Hebels auf 0.
3. **Falsche Umlaufsrichtung:** wie bei C. 3.
4. **Wendeschalter:** Schaltung nach Fig. 138. Drehen des Hebels an der Walze von 0 nach L_1, L_2 usw. bei Linkslauf, nach R_1, R_2 usw. bei Rechtslauf, Stehenlassen des Hebels, wenn die gewünschte Umlaufszahl vorhanden ist.
5. **Regelung der Umlaufszahl:** Geschieht mit den Hebeln der Walzen. Je weiter die Hebel aus der Stellung 0 verschoben werden, um so schneller läuft der Motor.

II. Anlagen.

Anlagen mit reinem Maschinenbetrieb für Gleichstrom.

Anlagen mit reinem Maschinenbetrieb sind selten. Sie können in Fabriken vorkommen, wo während der Arbeitszeit im Sommer nur Werkzeugmaschinen und im Winter noch Lampen mit Strom versorgt werden müssen. In den Fig. 139 und 140 sind zwei Gleichstromanlagen für reinen Maschinenbetrieb dargestellt. An Meßinstrumenten sind erforderlich: Ein Voltmeter V mit Umschalter zum Messen der Spannung an jeder Maschine, sowie für jede Maschine ein Amperemeter $A_1 A_2$. Durch den Anschluß des Drahtes d vor

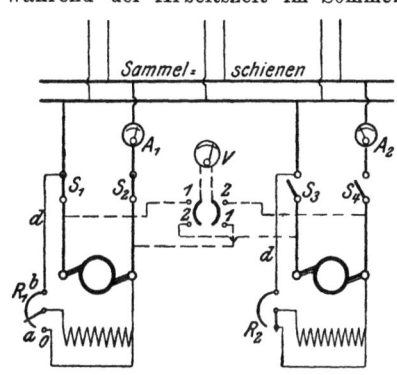

Fig. 139. Nebenschlußmaschinen in Parallelschaltung.

dem einen Schalter kann man die Maschinen mit Selbsterregung oder mit fremder Erregung auf Spannung bringen. Die Selbsterregung wendet man an, wenn keine Spannung zwischen den Sammelschienen vorhanden ist, also keine Maschine läuft. Man schließt dann in beiden Figuren, je nachdem die eine oder die andere Maschine laufen soll, die Schalter S_1 oder S_3. Dreht man dann, wenn die Maschine läuft, ihren Regler von 0 nach a, so ist ein geschlossener Stromkreis für die Magnete vorhanden und sie kann sich selbst erregen. Wenn dagegen schon eine Maschine läuft, so daß Spannung zwischen den Sammelschienen herrscht, so bringt man die neu einzuschaltende Maschine mit fremder Erregung auf

Spannung. Zu diesem Zweck schließt man den Hebel S_2 oder S_4 und stellt den Regler der betreffenden Maschine auf a, dann kann von den Sammelschienen ein Strom durch die Magnete fließen und die Maschine kommt schneller auf die normale Spannung, als wenn sie sich selbst erregt.

Bei den Kompoundmaschinen in Fig. 140 ist eine Ausgleichsleitung zwischen den beiden Maschinen nötig, weil ohne diese die Kompoundmaschine, wenn sie Rückstrom aus den Sammelschienen erhält, was natürlich nur bei Unachtsamkeit eintritt, vermittels der starken Wickelung ihren Magnetismus umkehrt. Beim nächsten Selbsterregen würde sie sich dann, weil die Drehrichtung nicht mehr mit dem schwachen Magnetismus zusammenstimmt, nicht selbst erregen können. Die Betriebsvorschriften sind für beide Schaltungen in Fig. 139 und 140 dieselben.

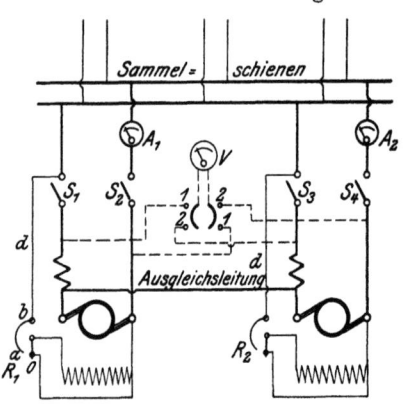

Fig. 140. Kompoundmaschinen in Parallelschaltung.

Betriebsvorschriften für Fig. 139. Nebenschlußmaschinen in Parallelschaltung. Angenommen, es soll die linke Maschine als erste in Betrieb gesetzt werden. Soll statt der linken die rechte Maschine zuerst laufen, so betätigt man an Stelle des Schalters S_1 den Schalter S_3 und statt S_2 den Schalter S_4.

Sie muß mit Selbsterregung auf Spannung gebracht werden. Man schließt S_1, stellt den Voltmeterumschalter auf *1 1* und dreht, nachdem die Antriebsmaschine (Dampf-, Gasmaschine, Turbine usw.) angestellt und die Dynamo ihre richtige Tourenzahl hat, den Regler R_1 von 0 auf b. Wegen des kurzgeschlossenen Reglers erregt sich die Maschine schnell und ihre Spannung würde, da sie leer läuft, die Stellung b des Reglers aber für volle Belastung ist, zu hoch werden. Man geht deshalb mit der Kurbel des Reglers wieder zurück nach a zu. Die Stellung, auf welcher man stehen bleiben muß, zeigt das Voltmeter an. Ist die richtige Spannung erreicht, so schließt man den zweiten Hebel S_2, so daß die Maschine an die Schienen geschaltet ist. Wird im Netz Strom entnommen, so zeigt dies der Ausschlag des Amperemeters A_1 an und das Voltmeter V geht mit dem Ausschlag zurück. Man muß nun mit der Kurbel des Reglers weiter nach b hingehen, bis das Voltmeter wieder die richtige

Spannung anzeigt. Ist schließlich die Maschine so stark belastet, daß der Regler dicht bei *b* steht, und besteht Aussicht, daß die Belastung noch weiter steigt, so muß die zweite Maschine mit eingeschaltet werden. Diese läßt man von den jetzt Spannung besitzenden Sammelschienen mit fremder Erregung auf ihre normale Spannung kommen, indem man nach Anstellen der Antriebsmaschine S_4 schließt und mit R_2 die Spannung nach dem Voltmeter V, dessen Umschalter jetzt abwechselnd von *1 1* auf *2 2* gestellt wird, genau so hoch einstellt, wie diejenige der ersten Maschine. Zeigt das Voltmeter bei Umschalterstellung *1 1* denselben Ausschlag wie bei *2 2*, so wird der Hebel S_3 auch eingeschaltet. Die zugeschaltete Maschine liefert nun, wie das Amperemeter A_2 anzeigt, zunächst noch keinen Strom, das muß immer der Fall sein, wenn sie richtig eingeschaltet wurde. Schaltet man sie zu früh ein, also bei zu geringer Spannung, dann würde sie Strom aus den Schienen, also von der ersten Maschine her, erhalten, die gesamte Betriebsspannung würde sinken und die Lampen im Netz dunkel werden. Schaltet man dagegen die zweite Maschine mit zu hoher Spannung ein, so würde sie beim Einschalten des Hebels S_3 mit einem Stoß einen Teil der Stromlieferung mit übernehmen und die erste Maschine entsprechend entlastet werden. Dabei würde aber die Betriebsspannung ebenfalls stoßartig steigen und die Lampen zu hell brennen.

Will man die richtig, also stromlos zugeschaltete Maschine belasten, so dreht man ihren Nebenschlußregler nach *b* hin, während man gleichzeitig den der anderen Maschine entsprechend zurück, also nach *a* hin dreht. Damit die Spannung sich nicht ändert, beachtet man das Voltmeter, dessen Umschalterstellung, wenn beide Maschinen mit den Schienen verbunden sind, gleichgültig ist. Die Amperemeter A_1 und A_2 zeigen die Belastungen beider Maschinen an.

Will man eine von beiden Maschinen stillsetzen, weil die Belastung abgenommen hat und eine Maschine genügen würde, so bewegt man unter Beachtung des Voltmeters, dessen Umschalter jetzt auf die Maschine gestellt wird, welche weiter laufen soll, den Regler der abzuschaltenden Maschine so lange nach *a* zu und gleichzeitig den der weiterlaufenden nach *b* zu, bis das Amperemeter der abzuschaltenden Maschine keinen Strom mehr zeigt. Man öffnet dann erst den rechten Hebel (S_2 oder S_4), dreht dann den Regler auf *0*, zieht den anderen Hebel und setzt die Antriebsmaschine still.

Betriebsvorschriften für Fig. 140. Kompoundmaschinen in Parallelschaltung. Es gelten genau die gleichen Betriebsvorschriften wie für Fig. 139, nur ist besondere Sorgfalt auf genau gleiche Spannung der Maschinen beim Parallelschalten zu legen.

Anlagen mit reinem Maschinenbetrieb für Wechselstrom.

Die beiden Schaltungen in Fig. 141 und 142 unterscheiden sich besonders durch die Einschaltung der Instrumente, die bei höherer Spannung, ebenso wie die Phasenlampen L, mit kleinen Transformatoren angeschlossen werden. Gegenüber den Gleichstromanlagen sind an Instrumenten, außer Voltmeter mit Umschalter und Amperemetern für jede Maschine noch Wattmeter WM nötig. Die Erregung ist in beiden Figuren verschiedenartig. Hat jede Maschine ihre eigene Erregermaschine, wie in Fig. 142, so ist die Regulierung schwerfälliger, als wenn, wie es häufiger geschieht, kleine Gleichstromsammelschienen vorhanden sind, an die eine oder mehrere Erregermaschinen angeschlossen sind. Die Betriebsvorschriften sind, abgesehen von der Bedienung der Erregermaschinen, für beide Schaltungen ziemlich dieselben. Es ist dabei auch gleichgültig, ob die Schaltung in Fig. 141 für Dreiphasenbetrieb benutzt wird. Es sind dann nur, wie Fig. 142 zeigt, drei Sammelschienen, dreiteilige Schalter und dreiteilige Maschinenleitungen nötig. Bei gleichgroßen Maschinen kuppelt man die Kurbeln der Regler sämtlicher Maschinen, die zusammen eingeschaltet sind, so daß dieselben alle gleichzeitig bewegt werden. Bei stillstehenden Maschinen sind die Regler natürlich abgekuppelt. Die Belastungsverteilung geschieht vermittels der Dampf-, Gas- oder Wasserzufuhr der Kraftmaschinen. Dazu läßt sich bei Dampf- und Gasmaschinen der Regulator häufig durch elektrische Steuerung von der Schalttafel aus beeinflussen (Patent Siemens und Halske).

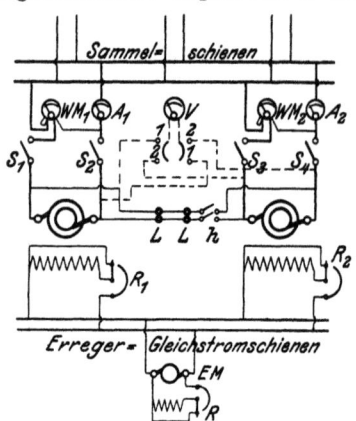

Fig. 141. Wechselstrom-Einphasenmaschine in Parallelschaltung.

Betriebsvorschriften für Fig. 141. Wechselstrom-Einphasenmaschinen in Parallelschaltung. Eine Maschine soll in Betrieb gesetzt werden. Man braucht dann den Schalter h und die Phasenlampen nicht zu benutzen. Die einzuschaltende Maschine wird mit ihrem Feldregler R_1, R_2 auf Spannung gebracht, und wenn das Voltmeter die vorschriftsmäßige Spannung zeigt, werden beide Hebel der Maschine geschlossen. Sinken der Spannung bei Belastungsvergrößerung wird mit dem Regler ausgeglichen.

Anlagen mit reinem Maschinenbetrieb für Wechselstrom. 105

Soll wegen zu starker Belastung die zweite Maschine mit eingeschaltet werden, so schaltet man die Phasenlampen L mit dem Schalter h ein und bringt zunächst die Maschine mit ihrem Regler auf Spannung. Dann muß man die Phasenlampen beachten und wie S. 88 angegeben, mit dem Regulator die Tourenzahl der Kraftmaschine beeinflussen, bis genügend lange Perioden in den Lichtschwankungen der Phasenlampen auftreten. Während einer längeren

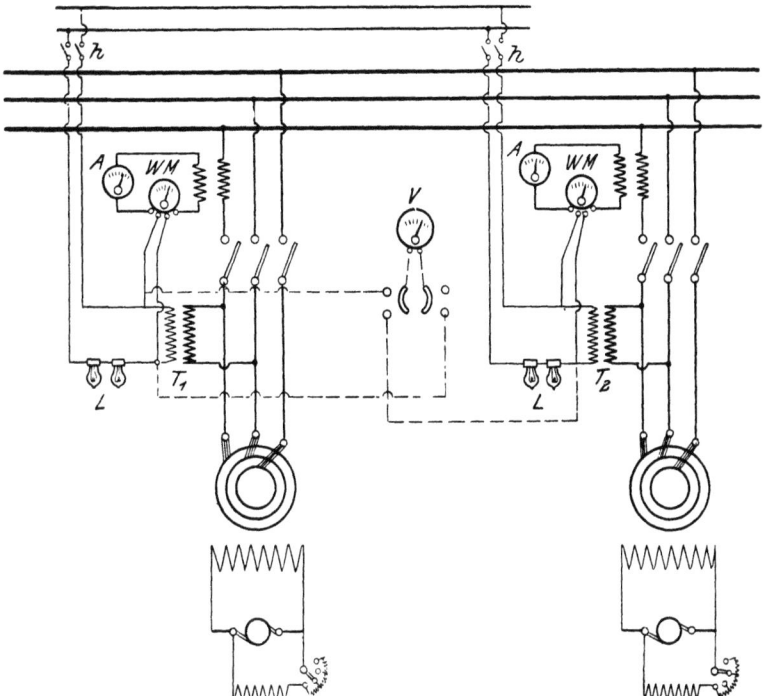

Fig. 142. Dreiphasenmaschinen für höhere Spannung in Parallelschaltung.

Periode „hell" schließt man sämtliche Maschinenschalter, kuppelt bei gleichgroßen Maschinen falls die Einrichtung vorhanden, die Regler, die dann gleichzeitig bewegt werden und nur zur Spannungsreglung dienen. Die Verteilung der Belastung erfolgt nach den Wattmetern mit Hilfe der Regulatoren oder anderweitiger Regelung der Füllung an den Kraftmaschinen.

Soll eine Maschine stillgesetzt werden, während die andere weiterläuft, so ist zunächst mit der Antriebsmaschine die Leistung auf 0 zu bringen. Zeigt das Wattmeter der Maschine auf 0 und das Amperemeter noch nicht, so ist die Reglerkurbel, die nun los gekuppelt wird, noch so lange zu verdrehen, bis das Amperemeter auch auf 0 steht. Dann werden die Maschinenhebel geöffnet und der Regler vollends ausgeschaltet.

In derselben Weise, wie eben angegeben, wird auch die letzte Maschine still gesetzt.

Betriebsvorschriften für Fig. 142. Dreiphasenmaschinen für höhere Spannung in Parallelschaltung. Es gelten genau die gleichen Vorschriften wie für Fig. 141, nur kann man die Regler bei der Erregung nach Fig. 142 nicht kuppeln. Ist die Erregung aber so ausgeführt wie in Fig. 141, so gelten die Vorschriften in allen Punkten genau.

Gleichstromanlagen mit Akkumulatoren.

Die Anlagen mit Akkumulatoren sind vorwiegend für solche Fälle, wo zur Nachtzeit Licht gebraucht wird und die Maschinen besonders am Abend stark belastet sind. Die Akkumulatoren führen dann eine gleichmäßigere Belastung der Maschine herbei, indem sie zu Zeiten schwachen Betriebes, z. B. in den Mittagsstunden, geladen werden und bewirken, daß die Maschine nicht für den starken Stromverbrauch am Abend eingerichtet zu sein braucht, also kleiner sein kann als bei reinem Maschinenbetrieb, weil die Batterie und die Maschine sich in die Stromlieferung am Abend teilen. Je nach den vorliegenden Bedürfnissen sind die Schaltungen sehr verschieden, wie die folgenden Ausführungen zeigen.

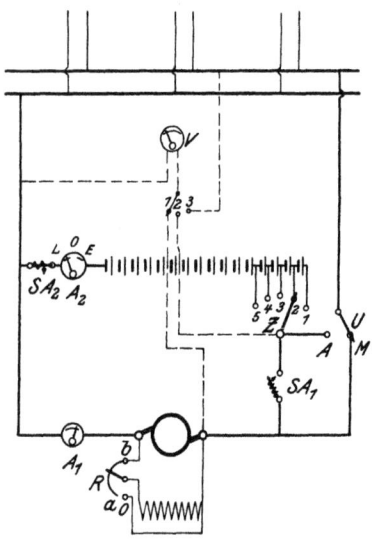

Fig. 143. Einfachzellenschalter und kleine Batterie.

Anlage mit Einfachzellenschalter und kleiner Batterie (Fig. 143). Die Maschine muß zur Ladung der Batterie für Spannungserhöhung eingerichtet sein. Parallelbetrieb von Maschine und Batterie, sowie Stromlieferung ins Netz während der Ladung sind nicht zulässig. Eine derartige Anlage ist zweckmäßig in Fabriken, wo reiner Maschinenbetrieb zeitweise unzweckmäßig ist, da die Maschinen bei schwacher Belastung unrentabler arbeiten als bei Vollast und abends oder nachts ein geringer Stromverbrauch für Licht von der Batterie geliefert werden kann.

In Fig. 143 ist $S A_1$ ein Nullstromausschalter (vgl. Fig. 55) für die Maschine, der nach Fig. 54 die Batterie vor Entladung in die Maschine schützt (vgl. S. 40). Der Schalter $S A_2$ schützt die Batterie vor zu starkem Strom (Überstromschalter vgl. Fig. 56). Das Akkumulatoren-Amperemeter A_2 hat den Nullpunkt in der Mitte und schlägt je nach der Stromrichtung, die bei Ladung und Entladung entgegengesetzt ist, nach verschiedenen Seiten aus, so daß man daran, ob es nach Links (L) oder nach Rechts (E) zeigt, erkennen kann, ob die Batterie geladen oder entladen wird. Man braucht dann keinen Stromrichtungszeiger, der früher neben dem Amperemeter notwendig war. Mit dem Umschalter U, der nach Fig. 58 oder 59, also mit Unterbrechung, ausgeführt sein muß, lassen sich die Sammelschienen und damit das Netz, auf die Akkumulatoren (A) oder die Maschine (M) schalten.

Betriebsvorschriften zu Fig. 143. Es können die drei Betriebsfälle, reiner Maschinenbetrieb, Ladung der Batterie und Stromlieferung der Batterie vorkommen. Beim Maschinenbetrieb steht U auf M, $S A_1$ ist ausgeschaltet, $S A_2$ ist, wie immer, geschlossen. Die Maschinenspannung wird mit dem Regler nach dem Voltmeter (V auf 1) konstant gehalten, wenn die Belastung, kenntlich am Amperemeter A_1, sich ändert.

Das Laden der Batterie beginnt mit der Drehung des Umschalters U auf die Zwischenstellung zwischen A und M, so daß dort ausgeschaltet ist. Der Zellenschalter Z wird auf den letzten Kontakt links gedreht (in Fig. 143, sowie den meisten folgenden sind immer nur 5 Schaltzellen gezeichnet, obgleich nach S. 34 mehr nötig sind). Dann wird die Maschine auf dieselbe Spannung gebracht, wie sie die Batterie hat, indem man die Spannungen V auf 1 und V auf 2 vergleicht. Sobald die Spannungen auf beiden Stellungen des Voltmeterumschalters gleich sind, wird $S A_1$ eingeschaltet und da es bei der zunächst stromlosen Maschine sogleich wieder herausfällt, solange festgehalten, bis man mit dem Maschinenregler der weiter nach b gedreht wird die Maschine so stark belastet hat, daß ihr Amperemeter A_1 den vorschriftsmäßigen Ladestrom der Batterie zeigt. Man dreht nun während der Ladung den Zellenschalter allmählich immer weiter nach 1 hin und muß die Spannung der Maschine immer weiter erhöhen, durch Drehen des Reglers nach b hin, so daß das Amperemeter A_1 oder A_2, die jetzt beide denselben Ausschlag haben, immer den normalen Ladestrom zeigt. Steht zum Schluß der Zellenschalter auf 1, so wird die Maschine mit dem Regler, der nach a gedreht wird, vorsichtig entlastet, bis der Nullstromschalter SA_1 herausfällt. Dann wird die Maschine stillgesetzt.

Soll die Batterie allein Strom liefern, so wird, falls sie läuft, zunächst die Maschine stillgesetzt. Ist SA_1 herausgefallen, so stellt man U zunächst auf die Mittelstellung und bringt nach dem Voltmeter (V auf 2) die Batteriespannung mit dem Zellenschalter auf die normale Betriebsspannung. Dann wird U auf A gestellt und die Spannung mit dem Zellenschalter konstant gehalten (V auf 2).

Anlage mit Einfachzellenschalter und großer Batterie (Fig. 144). Die Maschine ist wie vorhin zur Spannungserhöhung eingerichtet. Während der Batterieladung kann nicht Strom ins Netz geliefert werden. Es ist aber Parallelbetrieb von Maschine und Batterie möglich. Die Meßinstrumente sind wie im vorigen Schema. Der Umschalter U muß auch hier mit Unterbrechung sein, sonst entsteht in der Übergangsstellung zwischen L und N bei geschlossenem Schalter S_1 ein Kurzschluß der augenblicklich an den Zellenschalter angeschlossenen Zellen.

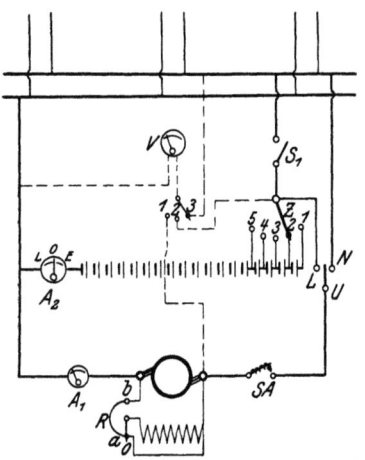

Fig. 144. Einfachzellenschalter und große Batterie.

Betriebsvorschriften zu Fig. 144. Es sind hier vier Fälle möglich, reiner Maschinenbetrieb, Ladung der Batterie, Parallelbetrieb von Batterie und Maschine und Stromlieferung der Batterie allein. Beim reinen Maschinenbetrieb steht U auf Netz (N), S_1 ist ausgeschaltet. Die Maschine wird auf die Betriebsspannung gebracht und dann SA, der Nullstromschalter so lange festgehalten, bis die Maschine belastet ist. Die Spannung wird dann nach dem Voltmeter (V auf 1) mit dem Regler in der bekannten Weise konstant gehalten. Soll die Maschine stillgesetzt werden, so dreht man den Regler nach a hin, bis SA herausfällt, dann kann man stillsetzen.

Beim Laden der Batterie wird S_1 ausgeschaltet, Z auf 5 gestellt und U auf L. Dann wird die Maschine in derselben Weise, wie bei Fig. 143 auf gleiche Spannung mit der Batterie gebracht und die Ladung wie dort beschrieben, durchgeführt. Soll die Maschine zum Schluß der Ladung ausgeschaltet werden, so geschieht dies ebenso, wie bei Fig. 143.

Bei der Herstellung des Parallelbetriebes von Maschine und Batterie sind zwei Fälle möglich, entweder soll die Batterie zur Maschine zugeschaltet werden, oder die Maschine zur Batterie. Im ersten Fall steht U auf N und man braucht nur die Batteriespannung mit Z (V auf *2*) auf gleichen Wert mit der Schienenspannung (V auf *3*) zu bringen. Dann wird S_1 eingeschaltet und die zunächst stromlose Batterie durch Drehen von Z nach *1* hin und gleichzeitiges Zurückdrehen des Maschinenreglers nach *a* hin, wobei nach Beobachtung von V dessen Umschalterstellung *3* ist, die Spannung konstant gehalten werden muß. Mit Zellenschalter und Regler läßt sich die Belastung auf Batterie und Maschine in beliebiger Weise verteilen.

Wenn im zweiten Fall die Batterie schon am Netz liegt und die Maschine soll parallel geschaltet werden, dann wird U auf N gestellt, S_1 eingeschaltet und die Maschinenspannung (V auf *1*) auf denselben Wert wie die Schienenspannung (V auf *3*) einreguliert. Dann wird $S\,A$ geschlossen und festgehalten, bis unter Konstanthaltung der Spannung (V auf *3*) mit Z und dem Regler die Belastung auf Batterie und Maschine verteilt ist, wobei man jetzt, wo die Batterie entlastet wird mit Z nach *5* hin und mit dem Regler nach *b* hin gehen muß.

Während des Parallelbetriebes ist noch darauf zu achten, daß die Batterie nicht zu stark belastet wird, man muß daher beim Spannungsregeln und Belastungsverteilen nicht nur das Voltmeter (V auf *3*) sondern auch die Amperemeter A_1 und A_2 beachten.

Das Stillsetzen der Maschine geschieht wie nach der Ladung.

Soll die Batterie allein Strom ins Netz liefern, muß die Maschine, falls sie bis dahin Strom ins Netz lieferte, still gesetzt werden. Dann wird V auf *2* gestellt und mit dem Zellenschalter Z die Spannung der Batterie auf die Betriebspannung gebracht. Darauf verbindet man durch Schließen von S_1 die Batterie mit den Sammelschienen.

Anlage mit Einfach-Zellenschalter und Reihenschalter (Fig. 145), die Maschine ist nicht für Spannungserhöhung eingerichtet, Parallelbetrieb von Maschine und Batterie ist möglich, während der Ladung kann kein Strom ins Netz geliefert werden.

Diese Schaltung wird angewendet, wenn zu einer gewöhnlichen Maschine später eine Batterie hinzugefügt wird, um ähnlich wie beim vorigen Beispiel abends mit der Maschine zusammen Strom ins Netz zu liefern und nachts nur die Batterie genügt. Da die Maschine nicht die hohe Ladespannung liefern kann, muß bei der Ladung die Batterie in zwei Hälften parallel geschaltet werden, was mit Hilfe der Reihenschalter (vgl. Fig. 62 oder 63 und 64) geschehen kann. In Fig. 145 ist ein Schalter nach Fig. 62 angenommen. Es sind hier zwei Amperemeter A_2 und A_3 für die Batterie nötig, sowie ein Regulierwiderstand RW, der bei der Ladung für Erhaltung gleicher Stromstärke in beiden Batteriehälften B_1 und B_2 benutzt wird und mit dem die allmähliche Hinzufügung der Schaltzellen in der anderen Batteriehälfte für die seinige ausgeglichen wird.

Betriebsvorschriften für Fig. 145. Vorkommen können die drei Fälle, reiner Maschinenbetrieb, Parallelbetrieb und Batterieladung.

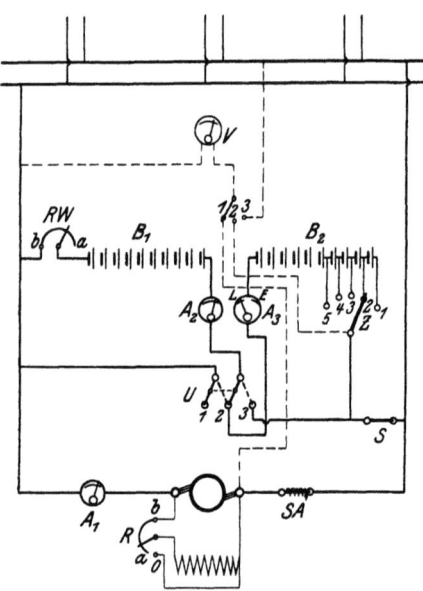

Fig. 145. Einfachzellenschalter und Reihenschalter.

Bei reinem Maschinenbetrieb ist S geöffnet. Alles andere ist wie bei Fig. 144 auszuführen. Beim Parallelbetrieb kann man entweder die Batterie zur Maschine, oder die Maschine zur Batterie hinzuschalten. In beiden Fällen steht der Reihenschalter U auf 1, 2 und es sind beide Batteriehälften B_1 und B_2 hintereinander. Der Regulierwiderstand RW wird auf b gedreht (kurzgeschlossen, sein Widerstand also Null). Soll die Batterie zur laufenden Maschine hinzugeschaltet werden, so bringt man mit dem Zellenschalter Z die Batteriespannung (V auf 2) auf gleiche Höhe mit der Schienenspannung (V auf 3), dann schließt man S und belastet die zunächst stromlose Batterie mit Zellenschalter und Maschinenregler wie bei Fig. 144. Soll die Maschine zur Batterie hinzugeschaltet werden, so bringt man die Maschinenspannung (V auf 1) auf gleiche Höhe mit der Schienenspannung (V auf 3). Dann schließt man SA und hält so lange fest, bis die Maschine einen Teil der Belastung von der Batterie übernommen hat, was mit Zellenschalter und Regler in gleicher Weise wie bei Fig. 144 geschieht.

Das Abschalten der Maschine erfolgt ebenfalls wie sonst durch Drehen des Reglers nach a und von Z nach 1 hin bei konstanter Spannung, bis SA herausfällt.

Soll die Batterie abgeschaltet werden und die Maschine weiter laufen, so dreht man Z so weit nach 5 hin und gleichzeitig unter Konstanthaltung der Spannung (V auf 3) mit dem Regler nach b hin, bis die Amperemeter $A_2 A_3$, die jetzt dasselbe zeigen, auf Null stehen. Dann öffnet man S und die Batterie ist abgeschaltet.

Soll die Batterie geladen werden, so wird Z auf 5 und RW auf b gedreht. Dann stellt man U auf 2, 3, bringt die Maschinenspannung (V auf 1) auf den durch die Parallelschaltung beider Batteriehälften zur Hälfte verkleinerten Betrag der Batteriespannung (V auf 2). Sind beide Spannungen gleich, so schaltet man $S A$ ein und hält fest, bis durch weiteres Drehen des Reglers nach b hin die Maschine so einreguliert ist, daß sie den doppelten Ladestrom liefert (erkennbar an A_1). Dieser Strom verteilt sich auf beide Batteriehälften, und wenn die Amperemeter A_2 und A_3 nicht den gleichen Betrag zeigen, so wird mit RW auf gleiche Stromstärke einreguliert. Je weiter dann während der Ladung Z nach 1 hin bewegt wird, um so mehr muß RW nach a gedreht werden. Dabei richtet man sich stets nach A_2 und A_3, die beide den halben

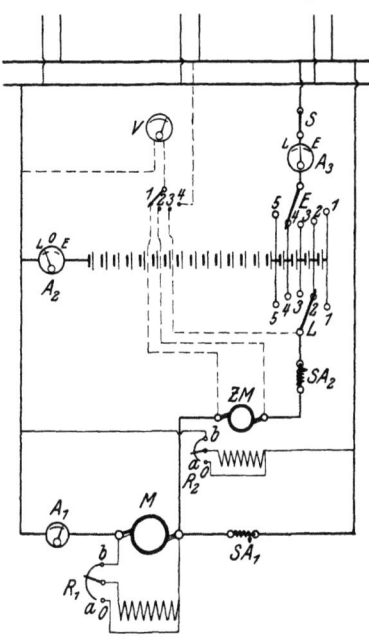

Fig. 146. Doppelzellenschalter und Zusatzmaschine.

Maschinenstrom zeigen müssen. Zum Abschalten der Maschine dreht man den Regler so weit nach a, bis SA herausfällt, der Zellenschalter darf dabei jetzt nicht bewegt werden. Nach dem Ausschalten von SA schaltet man S aus, dreht U auf 1, 2 und RW auf b.

Anlage mit Doppelzellenschalter und Zusatzmaschine zum Laden, Fig. 146. Während bei den bisher beschriebenen Anlagen während der Ladung kein Strom ins Netz abgegeben werden konnte und auch meist der Übergang von Maschinenbetrieb auf Batterie nur mit kurzer Unterbrechung der Stromlieferung ins Netz möglich war, kann man bei sämtlichen Anlagen mit Doppelzellen-

112 Betriebsvorschriften und Schaltungen für Motoren und Anlagen.

schaltern ohne Stromunterbrechung von einer Betriebsart auf die andere übergehen und stets auch während der Ladung Strom ins Netz liefern. Alle größeren Anlagen, mit vielseitigen Verbrauchskörpern, erhalten deshalb Doppelzellenschalter. Das Schema in Fig. 146 ist mit Zusatzdynamo zum Laden der Batterie. Eine solche Anlage ist nur denkbar, wenn man die Akkumulatorenbatterie später zur Maschine hinzugefügt hat und vorher reiner Maschinenbetrieb benutzt wurde. Es ist dann die Hauptmaschine M nicht für Spannungserhöhung während der Ladung eingerichtet und man muß zum Laden der Batterie die Zusatzmaschine ZM mit der Hauptmaschine M hintereinander schalten. (Weiteres über die Zusatzmaschine s. S. 84.)

Betriebsvorschriften für Fig. 146. Die Betriebsmöglichkeiten sind folgende: Reiner Maschinenbetrieb, Ladung, Parallelbetrieb und reiner Batteriebetrieb.

Der reine Maschinenbetrieb kommt normalerweise nicht vor, weil Batterien mit Doppelzellenschalter immer mit den Sammelschienen verbunden sind. Es würde also nur bei Betriebsstörungen in der Batterie reiner Maschinenbetrieb vorkommen und ist dann der Schalter S sowie SA_2 geöffnet. SA_1 ist geschlossen und die Maschine M arbeitet, wie in den bisher angegebenen Schaltungen, indem ihre Spannung (V auf 1 oder 4) mit R_1 konstant gehalten wird.

Bei der Ladung wird, wenn die Maschine M noch nicht im Betrieb ist, diese zunächst eingeschaltet, indem die Maschinenspannung (V auf 1) und die Entladespannung der Batterie (V auf 4) gleich groß gemacht werden, aber nur mit dem Regler R_1, ohne den Entladehebel E zu verschieben, damit die Schienenspannung (V auf 4) konstant bleibt. Dann schließt man SA_1 und hält so lange fest, bis man durch Zurückdrehen von E nach 5 und gleichzeitiges Drehen des Reglers nach b unter Konstanthaltung der Schienenspannung (V auf 4) am Amperemeter A_1 den vollen Strom, den die Batterie bis dahin lieferte, dagegen an den Amperemetern A_2 und A_2 keinen Ausschlag mehr abliest. Darauf wird L auf denselben Kontakt gedreht, auf dem E steht, die Zusatzmaschine in Gang gesetzt, vorsichtig mit R_2 erregt und SA_2 eingeschaltet. Dabei wird mit R_1 die Schienenspannung (V auf 4) konstant gehalten und E weiter nach 5 gedreht, so daß A_3 immer auf Null bleibt. A_2 zeigt die Ladestromstärke. Man geht allmählich mit L bis auf 1 und mit E nach 5 hin und hält nach dem Amperemeter A_2 konstanten Ladestrom in der vorschriftsmäßigen Höhe für die Batterie mit Hilfe des Reglers R_2, während A_3 auf Null zeigen soll und die Schienenspannung (V auf 4) mit R_1 konstant gehalten wird. Je weiter die Ladung fortschreitet, um so weiter dreht man L nach 5 hin zurück und schaltet dadurch nach und nach die ein-

Gleichstromanlagen mit Akkumulatoren. 113

zelnen Schaltzellen von 1 aus beginnend ab, immer unter Beobachtung der angegebenen Instrumente. Ist die Ladung zu Ende, so dreht man E vorsichtig nach 1 hin und R_1 nach a, wobei die Spannung (V auf 4) konstant zu halten ist, bis SA_1 und SA_2 herausfallen. Dann schaltet man R_2 aus und setzt ZM still. Soll M weiterlaufen, so schaltet man SA_1 wieder ein und verteilt die Belastung mit E und R_2 unter konstanter Schienenspannung (V auf 4) in gewöhnlicher Weise auf die Maschine (Amperemeter A_1) und die Batterie (Amperemeter A_3), wobei natürlich die Batterie höchstens den zulässigen Entladestrom geben darf; was darüber hinaus ins Netz zu liefern ist, muß die Maschine erzeugen.

Der Parallelbetrieb von Maschine und Batterie ist sehr einfach. M läuft, SA_1 ist geschlossen, S ebenfalls und es wird mit E und R_1 die Belastung in der am Schluß des vorstehenden Absatzes angegebenen Weise auf Maschine und Batterie verteilt. Sinkt der Strom unter den Betrag des höchstens für die Batterie zulässigen Entladestromes, so kann man die Maschine stillsetzen, was mit R_1 und E unter konstanter Spannung (V auf 4) geschieht, bis SA_1 herausfällt.

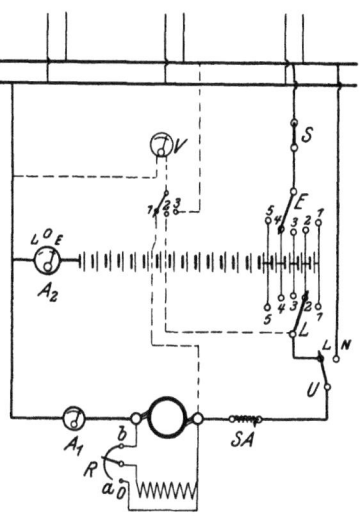

Fig. 147. Doppelzellenschalter und Maschine zum Laden.

Der reine Batteriebetrieb ist ebenfalls sehr einfach. A_2 und A_3 zeigen den gleichen Strom, SA_1 und SA_2 sind ausgeschaltet, S ist wie immer eingeschaltet (nur bei reinem Maschinenbetrieb wegen Betriebsstörung in der Batterie ist S ausgeschaltet). Die Schienenspannung (V auf 4) wird mit E konstant gehalten, welches allmählich immer weiter nach 1 gedreht wird.

Anlage mit Doppelzellenschalter und Maschine zum Laden, Fig. 147. Die Fig. 147 zeigt das Schema, welches gewöhnlich in Akkumulatoren-Anlagen zur Anwendung kommt, wo dann die Maschine für die zur Batterieladung nötige Spannungserhöhung eingerichtet ist.

Betriebsvorschriften für Fig. 147. Es sind hier folgende Betriebszustände möglich: reiner Maschinenbetrieb, Laden, Parallelbetrieb und reiner Batteriebetrieb.

Krause, Bedienung. 8

Der reine Maschinenbetrieb ist wie bei Fig. 146 nur bei Betriebsstörung in der Batterie möglich. Es ist dann S ausgeschaltet, was sonst niemals der Fall ist, der Umschalter U steht auf Netz (N). Die Spannung wird mit R nach dem Voltmeter (V auf 3) konstant gehalten.

Zur Ladung der Batterie wird, wenn die Maschine noch nicht im Betrieb ist, diese zunächst eingeschaltet. S ist wie immer geschlossen. U steht auf Ladung (L). Es wird dann der Ladeschalter L auf denselben Kontakt gedreht, auf dem der Entladeschalter E steht und die Spannung der Maschine (V auf 1) mit der Schienenspannung (V auf 3) auf gleichen Wert vermittels des Reglers R gebracht. Dann wird SA eingeschaltet und durch weiteres Drehen von R nach b hin die Maschine belastet, bis das Amperemeter A_2 die zulässige Ladestromstärke der Batterie zeigt. Dabei muß man mit E gleichzeitig die Spannung an den Schienen (V auf 3) konstant halten und während man mit L zunächst nach 1 geht unter Konstanthaltung des Ladestromes den A_2 zeigt, mit Hilfe des Reglers R, sorgt man mit E für konstante Schienenspannung (V auf 3). Wegen der Spannungszunahme muß man während der Ladung E allmählich immer weiter nach 5 hin drehen. Ebenfalls wird L von 1 aus weiter nach 5 gedreht.

Das Abschalten am Ende der Ladung geschieht einfach durch Zurückdrehen des Reglers R nach a, bis SA herausfällt, dabei muß aber mit dem Entladeschalter E die Schienenspannung (V auf 3) konstant gehalten werden.

Beim Parallelbetrieb von Maschine und Batterie steht U auf Netz (N). Soll die Maschine zur Batterie hinzugeschaltet werden, so wird zunächst ihre Spannung (V auf 1) mit dem Regler R auf denselben Wert gebracht, wie die Schienenspannung (V auf 3), dann wird SA eingeschaltet und festgehalten und unter Drehen von R nach b hin und gleichzeitigem Zurückdrehen von E nach 5 hin, unter Konstanthaltung der Schienenspannung (V auf 3), ein Teil der Belastung von der Maschine auf die Batterie geschaltet. Die Amperemeter A_1 und A_2 zeigen die Belastung von Maschine und Batterie an. Das Abschalten geschieht wie beim Ende der Ladung. Bei reinem Batteriebetrieb ist mit Hilfe von E die Schienenspannung (V auf 3) konstant zu halten und auf das Amperemeter A_2 zu achten, damit bei Zunahme der Belastung über den zulässigen Entladestrom der Batterie die Maschine mit eingeschaltet werden kann.

Anlage mit Doppelzellenschalter und zwei Maschinen (Fig. 148). Das Schema in Fig. 148 unterscheidet sich von demjenigen in Fig. 147 nur durch die zweite Maschine und die infolge-

Gleichstromanlagen mit Akkumulatoren. 115

dessen notwendigen Apparate. So hat jede Maschine einen Umschalter U_1 und U_2 sowie ihren Nullstromausschalter.

Betriebsvorschriften zu Fig. 148. Es können hier folgende Zustände vorkommen: reiner Maschinenbetrieb, Laden, Laden, während eine Maschine aufs Netz arbeitet, Parallelbetrieb einer und beider Maschinen mit der Batterie und reiner Batteriebetrieb.

Der reine Maschinenbetrieb erfolgt in gleicher Weise wie beim vorigen Schema angegeben und würde mit einer oder beiden Maschinen nur ausnahmsweise vorkommen.

Das Laden mit einer Maschine erfolgt genau so, wie im vorigen Schema Fig. 147 angegeben ist, indem der zu der betreffenden Maschine gehörige Umschalter U_1, wenn Maschine M_1, oder U_2, wenn Maschine M_2 arbeitet, auf Ladung (L) steht. Soll während der Ladung eine Maschine Strom ins Netz liefern, so ist sie, wie schon wiederholt angegeben, zum Entladeschalter E parallel zu schalten, nachdem ihr Umschalter auf N gestellt ist. Mit Hilfe des Voltmeters (V auf 1 oder 2) ist die Spannung der Maschinen auf den Betrag der Schienenspannung (V auf 4) zu bringen und dann die Maschine mit

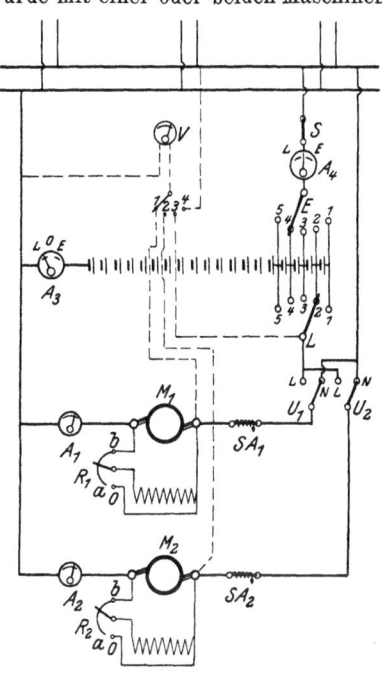

Fig. 148. Doppelzellenschalter und zwei Maschinen.

ihrem Nullstromschalter einzuschalten. Alles übrige erfolgt wie im vorigen Schema.

Der Parallelbetrieb einer Maschine mit der Batterie ist ebenfalls so durchzuführen wie in Fig. 147; soll die zweite Maschine ebenfalls mit arbeiten, so ist sie in der üblichen Weise stromlos einzuschalten und ebenso zu behandeln wie die andere Maschine. Der reine Batteriebetrieb erfolgt ganz genau so, wie bei Fig. 147 angegeben.

Kompoundmaschine mit Akkumulatoren und Reihenschalter. Fig. 149. In Anlagen, die mit Kompoundmaschine für

8*

116 Betriebsvorschriften und Schaltungen für Motoren und Anlagen.

reinen Maschinenbetrieb eingerichtet sind, in denen aber, um abends noch einige wenige Lampen brennen zu können, nachträglich eine kleine Batterie aufgestellt wird, kann man die Schaltung nach Fig. 149 anwenden. Die Maschine, welche beim Laden der Batterie nur als Nebenschlußmaschine mit der Magnetwicklung N benutzt wird, kann die erforderliche Ladespannung für die ganze Batterie nicht liefern. Die Batterie wird deshalb, ebenso wie in Fig. 145, bei der Ladung in zwei Teile B_1 und B_2 parallel geschaltet. Dasselbe, was schon bei Fig. 145 über die verschiedenen Reihenschalter gesagt war, gilt auch hier. Der Reihenschalter ist in Fig. 149 mit U_1 bezeichnet. Zum Ausgleich verschiedener Spannung sind hier zwei Widerstände W_1 für die Batteriehälfte B_1 und W_2 für die Batteriehälfte B_2 vorhanden, mit denen die Ladestromstärke in beiden Hälften auf gleicher Höhe gehalten werden kann. In der Anlage nach Fig. 149 ist Parallelbetrieb zwischen Maschine und Batterie nicht möglich, auch dürfen während der Ladung keine Lampen brennen.

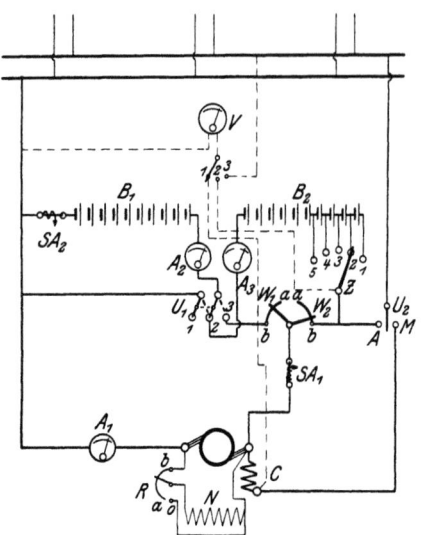

Fig. 149. Kompoundmaschine mit Akkumulatoren.

Betriebsvorschriften zu Fig. 149. Die hier möglichen Betriebszustände sind: reiner Maschinenbetrieb, Ladung und reiner Batteriebetrieb.

Beim reinen Maschinenbetrieb arbeitet die Maschine als Kompoundmaschine mit Nebenschlußwickelung N und Kompoundwickelung C. Man bringt sie beim Anlaufen mit dem Nebenschlußregler R auf die vorschriftsmäßige Betriebsspannung (V auf 1), stellt dann U_2 auf M und kann belasten. Um Konstanthaltung der Spannung bei Änderung der Belastung braucht man sich weiter nicht zu kümmern, da die Kompoundmaschine ja konstante Spannung hält.

Bei der Ladung benutzt man nur die Nebenschlußwickelung N. Man stellt zunächst U_2 auf die Mittelstellung (Ausgeschaltet) und den Reihenschalter U_1 auf 2, 3. Dann dreht man Z auf 5, bringt die Maschienenspannung (V auf 1) auf denselben Betrag mit der

Spannung der beiden parallelen Batteriehälften (V auf 2) und schaltet den Nullstromschalter $S\,A_1$ ein ($S\,A_2$ ist ein Überstromschalter zum Schutz der Batterie vor Überlastung, der natürlich immer geschlossen ist). Mit dem Regler R, der nach b hin gedreht wird, belastet man die Maschine, bis das Amperemeter A_1 den doppelten Ladestrom der Batterie zeigt. Mit Hilfe der Widerstände W_1 und W_2 werden die Ströme in beiden Batteriehälften nach den Amperemetern A_2 und A_3 gleich stark gemacht (jedes der beiden Amperemeter zeigt dann den halben Strom des Amperemeters A_1 an). Während der Ladung dreht man Z immer weiter nach 1 hin und sorgt mit R für W_1 und W_2 für konstanten Ladestrom. Soll zum Schluß die Maschine abgeschaltet werden, so dreht man einfach R so weit nach a hin, bis $S\,A_1$ herausfällt. Dann stellt man U_1 auf $1, 2$, so daß die Batterie betriebsbereit ist.

Bei reinem Batteriebetrieb muß U_1 auf $1, 2$ stehen, dann stellt man die Batteriespannung (V auf 2) mit Hilfe des Zellenschalters Z auf den normalen Wert der Betriebsspannung ein und schaltet darauf durch Drehen von U_2 auf A die Batterie an die Sammelschienen. Die Spannung wird dann weiter mit dem Zellenschalter Z durch allmähliches Drehen nach 1 hin konstant gehalten. Vor Überlastung ist die Batterie durch den Überstromschalter $S\,A_2$ geschützt.

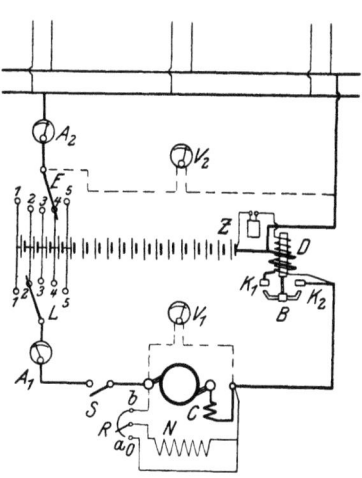

Fig. 150. Windelektrizität, Vereinigte Windturbinen-Werke, Dresden-Niedersedlitz.

Elektrizitätswerk mit Windkraft, Vereinigte Windturbinen-Werke, G. m. b. H. Dresden-Niedersedlitz. Fig. 150. Bei Windausnutzung wird nicht so regelmäßig geladen und entladen als in gewöhnlichen Anlagen, weil man abhängig vom Wind ist. Die Stromlieferung ins Netz erfolgt nur durch die immer mit den Sammelschienen verbundenen Akkumulatoren, die je nach dem Zustand des Windes selbsttätig mit der Maschine (vgl. S. 91) verbunden und dann geladen werden. Die Maschine arbeitet wegen ihrer veränderlichen Spannung nicht ins Netz. Ist die Batterie genügend geladen, so kann die Maschine still gesetzt werden.

Betriebsvorschriften zu Fig. 150. Die hier möglichen Betriebszustände sind nach obiger Erklärung nur Ladung und reiner

Batteriebetrieb. Um zu laden, schließt man den Schalter S und dreht den Ladeschalter L des Zellenschalters auf 1, während man mit E nach dem Voltmeter V_2 konstante Netzspannung hält. Wenn die Maschine läuft, dreht man R auf b und braucht sich dann nicht weiter um die Maschine zu bekümmern, weil alles übrige durch die selbsttätige Schaltvorrichtung (vgl. S. 91) geschieht. Nun dreht man allmählich L nach 5 hin und hält mit E konstante Netzspannung. Ist die Batterie geladen, so kann man die Maschine abschalten. Man dreht dann R zurück nach a, bis der Schalter B herausfällt und öffnet S. Darauf setzt man die Maschine still.

Verlag von Julius Springer in Berlin.

Kurzer Leitfaden der Elektrotechnik
für Unterricht und Praxis in allgemein verständlicher Darstellung.
Von
Ingenieur **Rudolf Krause.**
Zweite, vermehrte Auflage.
Mit 341 Textfiguren. — In Leinwand gebunden Preis M. 5,—.

Messungen an elektrischen Maschinen.
Apparate, Instrumente, Methoden, Schaltungen.
Von
Ingenieur **Rudolf Krause.**
Zweite, verbesserte und vermehrte Auflage.
Mit 178 Textfiguren. — In Leinwand gebunden Preis M. 5,—.

Anlasser und Regler
für elektrische Motoren und Generatoren.
Theorie, Konstruktion, Schaltung.
Von
Ingenieur **Rudolf Krause.**
Zweite, verbesserte und vermehrte Auflage.
Mit 133 Textfiguren. — In Leinwand gebunden Preis M. 5,—.

Formspulenwicklung
für Gleich- und Wechselstrommaschinen.
Von
Ingenieur **Rudolf Krause.**
Mit 46 Textfiguren. — Preis M. 1,20.

Technisches Zeichnen aus der Vorstellung
mit Rücksicht auf die Herstellung in der Werkstatt.
Von
Ingenieur **Rudolf Krause.**
Mit 97 Figuren im Text und auf 3 Tafeln. — In Leinwand gebunden
Preis M. 2,—.

Zu beziehen durch jede Buchhandlung.

Verlag von Julius Springer in Berlin.

Herstellung und Instandhaltung elektrischer Licht- und Kraftanlagen.
Ein Leitfaden auch für Nicht-Techniker
unter Mitwirkung von Gottlob Lux und Dr. C. Michalke
verfaßt und herausgegeben von
S. Frhr. v. Gaisberg.
Sechste, umgearbeitete und erweiterte Auflage.
Mit 55 Textfiguren. — In Leinwand gebunden Preis M. 2,40.

Elektrizität im Hause.
In ihrer Anwendung und Wirtschaftlichkeit dargestellt
von **Georg Dettmar,**
Generalsekretär des Verbandes Deutscher Elektrotechniker.
Mit 213 Textfiguren. — In Leinwand gebunden Preis M. 4,—.

Elektrotechnische Winke für Architekten und Hausbesitzer.
Von Dr.-Ing. **L. Bloch** und **R. Zaudy.**
Mit 99 in den Text gedruckten Figuren. — In Leinw. geb. Preis M. 2,80.

Elektrische Starkstromanlagen.
Maschinen, Apparate, Schaltungen, Betrieb.
Kurzgefaßtes Hilfsbuch für Ingenieure und Techniker, sowie zum Gebrauch an technischen Lehranstalten.
Von
Oberlehrer Dipl.-Ing. **Emil Kosack,** Magdeburg.
Zweite, erweiterte Auflage.
Mit 290 Textfiguren. — In Leinwand gebunden Preis M. 6,—.

Telephon- und Signal-Anlagen.
Ein praktischer Leitfaden für die Errichtung elektr. Fernmelde-(Schwachstrom-)Anlagen.
Herausgegeben von **Carl Beckmann,**
Oberingenieur der Aktiengesellschaft Mix & Genest,
Telephon- und Telegraphenwerke, Berlin-Schöneberg.
Bearbeitet nach den Vorschriften für die Errichtung elektrischer Fernmelde-(Schwachstrom-) Anlagen der Kommission des Verbandes deutscher Elektrotechniker und des Verbandes elektrotechn. Installationsfirmen in Deutschland.
Mit 426 Abbildungen und Schaltungen und einer Zusammenstellung der gesetzlichen Bestimmungen für Fernmeldeanlagen.
In Leinwand gebunden Preis M. 4,—.

Zu beziehen durch jede Buchhandlung.

MIX
Papier aus verantwortungsvollen Quellen
Paper from responsible sources
FSC® C105338

If you have any concerns about our products,
you can contact us on
ProductSafety@springernature.com

In case Publisher is established outside the EU,
the EU authorized representative is:
**Springer Nature Customer Service Center GmbH
Europaplatz 3, 69115 Heidelberg, Germany**

Printed by Libri Plureos GmbH
in Hamburg, Germany